AF682524

Instalación y configuración de periféricos microinformáticos

Joaquín Luque Berrocal

Jesús Martín Alloza

Aída Ceacero García

ic editorial

Instalación y configuración de periféricos microinformáticos
© Joaquín Luque Berrocal
© Jesús Martín Alloza
© Aída Ceacero García

1ª Edición

© IC Editorial, 2022

Editado por: IC Editorial
c/ Cueva de Viera, 2, Local 3
Centro Negocios CADI
29200 Antequera (Málaga)
Teléfono: 952 70 60 04
Fax: 952 84 55 03
Correo electrónico: iceditorial@iceditorial.com
Internet: www.iceditorial.com

IC Editorial ha puesto el máximo empeño en ofrecer una información completa y precisa. Sin embargo, no asume ninguna responsabilidad derivada de su uso, ni tampoco la violación de patentes ni otros derechos de terceras partes que pudieran ocurrir. Mediante esta publicación se pretende proporcionar unos conocimientos precisos y acreditados sobre el tema tratado. Su venta no supone para **IC Editorial** ninguna forma de asistencia legal, administrativa ni de ningún otro tipo.

Reservados todos los derechos de publicación en cualquier idioma.

Según el Código Penal vigente ninguna parte de este o cualquier otro libro puede ser reproducida, grabada en alguno de los sistemas de almacenamiento existentes o transmitida por cualquier procedimiento, ya sea electrónico, mecánico, reprográfico, magnético o cualquier otro, sin autorización previa y por escrito de IC EDITORIAL; su contenido está protegido por la Ley vigente que establece penas de prisión y/o multas a quienes intencionadamente reprodujeren o plagiaren, en todo o en parte, una obra literaria, artística o científica.

ISBN: 978-84-1103-666-5
Depósito Legal: MA 885-2022

Impresión: PODiPrint
Impreso en Andalucía – España

Nota de la editorial: IC Editorial pertenece a Innovación y Cualificación S. L.

Presentación del manual

El **Certificado de Profesionalidad** es el instrumento de acreditación, en el ámbito de la Administración laboral, de las cualificaciones profesionales del Catálogo Nacional de Cualificaciones Profesionales adquiridas a través de procesos formativos o del proceso de reconocimiento de la experiencia laboral y de vías no formales de formación.

El elemento mínimo acreditable es la **Unidad de Competencia.** La suma de las acreditaciones de las unidades de competencia conforma la acreditación de la competencia general.

Una **Unidad de Competencia** se define como una agrupación de tareas productivas específica que realiza el profesional. Las diferentes unidades de competencia de un certificado de profesionalidad conforman la **Competencia General,** definiendo el conjunto de conocimientos y capacidades que permiten el ejercicio de una actividad profesional determinada.

Cada **Unidad de Competencia** lleva asociado un **Módulo Formativo,** donde se describe la formación necesaria para adquirir esa **Unidad de Competencia,** pudiendo dividirse en **Unidades Formativas.**

El presente manual desarrolla la Unidad Formativa **UF0862: Instalación y configuración de periféricos microinformáticos,**

perteneciente al Módulo Formativo **MF0953_2: Montaje de equipos microinformáticos,**

asociado a la unidad de competencia **UC0953_2: Montar equipos microinformáticos,**

del Certificado de Profesionalidad **Montaje y reparación de sistemas microinformáticos**

MF0953_2

MONTAJE DE EQUIPOS MICROINFORMÁTICOS

Tiene asociado el ←

UNIDAD DE COMPETENCIA UC0953_2

Montar equipos microinformáticos

Compuesto de las siguientes **UNIDADES FORMATIVAS**

UF0861
Montaje y verificación de componentes

UF0862
Instalación y configuración de periféricos microinformáticos

< UNIDAD FORMATIVA DESARROLLADA EN ESTE MANUAL

FICHA DE CERTIFICADO DE PROFESIONALIDAD

(IFCT0309) MONTAJE Y REPARACIÓN DE SISTEMAS MICRO NFORMÁTICOS (R. D. 686/2011, de 13 de mayo modificado por el R. D. 628/2013, de 2 de agosto)

COMPETENCIA GENERAL: Montar, reparar y ampliar, equipos y componentes que forman un sistema microinformático, verificar la ausencia de interferencias entre ellos y asegurar su funcionamiento, reaccionando ante averías hardware y software detectadas y aplicando procedimientos correctivos.

Cualificación profesional de referencia	Unidades de competencia		Ocupaciones o puestos de trabajo relacionados:
IFC298_2 MONTAJE Y REPARACIÓN DE SISTEMAS MICROINFORMÁTICOS (R. D. 1201/2007, de 14 de septiembre)	UC0953_2	Montar equipos microinformáticos	• 3812.1023 Técnico en sistemas microinformáticos • Instalador de equipos microinformáticos • Reparador de equipos microinformáticos • Reparador de periféricos de sistemas microinformáticos
	UC0219_2	Instalar y configurar el software base en sistemas microinformáticos	
	UC0954_2	Reparar y ampliar equipamiento microinformático	

Correspondencia con el Catálogo Modular de Formación Profesional

Módulos certificado	Unidades formativas	Horas
MF0953_2: Montaje de equipos microinformáticos	UF0861: Montaje y verificación de componentes	90
	UF0862: Instalación y configuración de periféricos microinformáticos	60
MF0219_2: Instalación y configuración de sistemas operativos	UF0852: Instalación y actualización de sistemas operativos	80
	UF0853: Explotación de las funcionalidades del sistema microinformático	60
MF0954_2: Reparación de equipamiento microinformático	UF0863: Reparación y ampliación de equipos y componentes hardware microinformáticos	80
	UF0864: Resolución de averías lógicas en equipos microinformáticos	30
	UF0865: Reparación de impresoras	70
MP0179: Módulo de prácticas profesionales no laborales		40

Índice

22.000 — 100%

x — 21 4.620

Capítulo 1

Descripción de dispositivos periféricos

Contenido

1. Introducción

Todo equipo informático precisa de una serie de periféricos con los que realizar sus funciones. Sin ayuda de estos dispositivos, por sí mismo, un ordenador no puede trabajar y ser eficiente. De nada sirve acumular datos si no se dispone de una impresora para distribuirlos, o almacenar sonido sin unos altavoces que lo reproduzcan para poder disfrutarlo.

A lo largo de este primer capítulo se mostrarán las características más reseñables de cada uno de ellos para proceder a su instalación y uso.

2. Tipos de dispositivos periféricos

En este apartado se dará una definición simplificada de cada uno de los periféricos y de cuáles son sus funciones básicas.

2.1. Impresora

Una impresora es un periférico informático de salida que permite obtener copias físicas de documentos almacenados digitalmente. Pueden ser imágenes, textos, gráficos o de cualquier otra clase de datos.

Existen muchos tipos de impresoras, desde aquellas que puede adquirir cualquier usuario para su hogar o lugar de trabajo, hasta las utilizadas para la impresión de documentos a gran escala. Cada una de ellas tiene sus propias características: tipos de tinta, resolución, usos, etc.

Existen también distintos tipos de conexiones para este periférico, las hay que están permanentemente conectadas a un equipo informático por un cable, hasta las usadas en grandes superficies donde se pueden imprimir documentos enviados desde cualquier puesto de trabajo que esté unido a la impresora de manera inalámbrica.

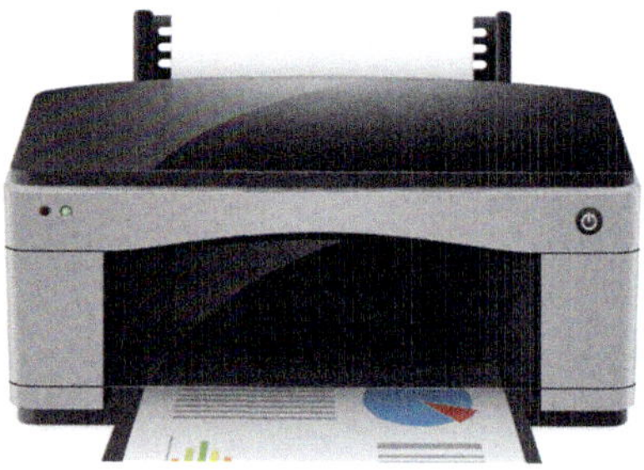

Impresora

Nota

En el mercado se encuentran gran cantidad de modelos: las que engloban varios periféricos en un único aparato, con escáner, fax, con entrada USB para imprimir sin la necesidad de un ordenador, con lector de tarjetas, con conexión directa a cámaras de fotos, e incluso con conexión *bluetooth* y wifi.

2.2. Escáner

El escáner cumple la función opuesta a la impresora. Este dispositivo se utiliza para digitalizar un documento que se tiene en formato físico.

Escáner

En esencia, un escáner "lee" un documento físico y lo traduce mediante pulsos eléctricos a un documento que se puede reproducir y almacenar en un ordenador. Combinándolo con un buen *software* de reconocimiento de texto

(OCR) se podrá reconocer el texto de un documento físico para poder trabajar con él en el ordenador.

2.3. Lectores ópticos

Un lector óptico es un periférico de entrada que usa un haz láser para reconocer datos escritos de forma física y los transforma en datos inteligibles para procesarlos en el ordenador.

Sabía que...

Los lectores ópticos se han integrado en ámbitos de la vida cotidianos: por ejemplo, cuando se va al supermercado y el dependiente/a pasa los artículos comprados por caja, lo que está haciendo es pasar los códigos de barras por un lector óptico el cual traduce esas barras de diferentes grosores a datos que el ordenador entiende, para mostrar a continuación el precio de cada producto por la pantalla del Terminal del Punto de Venta (TPV).

Hay varios tipos de lectores ópticos, los que usan un haz láser (como los de los supermercados, o los de mano que se pueden ver en muchos comercios), o los que se emplean para el tratamiento y gestión de gran cantidad de datos (como por ejemplo los usados para corregir exámenes, para leer las apuestas de lotería, etc.).

En resumen, un escáner "lee" marcas en un documento físico que traduce en datos con los que un ordenador puede trabajar.

Los lectores ópticos también engloban los lectores/grabadores de CD/DVD. En este caso, un haz láser se desliza por la superficie de un disco que posee diminutas marcas que el ordenador interpreta como información con la que es capaz de trabajar. En el caso de las grabadoras sucede lo contrario, el haz láser marca un disco vacío quedando la información grabada en él.

Lector óptico

2.4. Altavoces, micrófonos y dispositivos multimedia

Existen otros periféricos que no actúan sobre textos o imágenes. Los hay que reproducen sonido, aunque su manera de trabajar es muy parecida a los demás periféricos de un ordenador.

Altavoces

Los altavoces son un periférico de salida usados como canal traductor de datos de un ordenador hacia el usuario. Su función es simple, al reproducir una pista de audio, el ordenador emite unos datos a la tarjeta de sonido, la cual se encarga de traducir esos datos en señales eléctricas que reproducen los altavoces.

Nota

Cada una de esas señales hace que el altavoz emita una vibración determinada lo que permite disfrutar del sonido de una película, una canción, o cualquier tipo de archivo de audio.

En definitiva, son el instrumento que traduce los archivos sonoros que se almacenan en el ordenador a vibraciones que se perciben como sonido.

Altavoces

Micrófonos

Los micrófonos realizan la función opuesta de los altavoces. Son periféricos que reciben las vibraciones de los sonidos convirtiéndolas a datos que el ordenador puede procesar y almacenar.

Estos periféricos se pueden encontrar integrados en otros dispositivos como cámaras web, o en la pantalla de un ordenador portátil.

Micrófono

Otros dispositivos multimedia

Existen otros muchos tipos de dispositivos multimedia, como pueden ser:

- **Cámaras web:** captan y almacenan imágenes en movimiento y el sonido.
- **Tabletas digitalizadoras:** usadas para "dibujar" directamente sobre un archivo en el ordenador o para el retoque fotográfico.
- **Proyectores:** con los que poder realizar presentaciones, por ejemplo.

Cámara web

Proyector

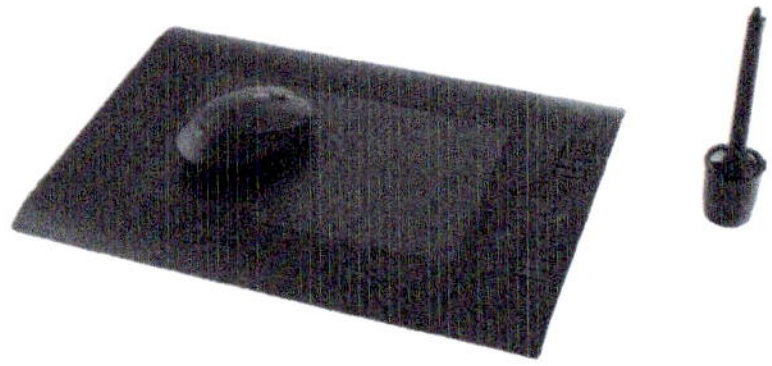

Tableta digitalizadora

2.5. Lectoras de cintas de *backup*

Este tipo de periférico es uno de los que mayor cantidad de información es capaz de almacenar. Se trata de una cinta magnética enrollada en dos bobinas que almacena una gran cantidad de datos. En la actualidad están en desuso pudiéndose encontrar todavía en alguna empresa.

Lector de cinta backup

2.6. Otros dispositivos periféricos

Existen otros dispositivos periféricos que se pueden conectar al ordenador. Algunos se muestran a continuación.

Módems USB

Los módems USB son unidades que reciben una señal inalámbrica que permite la conexión a internet. No necesitan alimentación eléctrica puesto que se alimentan directamente mediante el puerto USB al que se conectan.

Módem USB

Memoria portátil

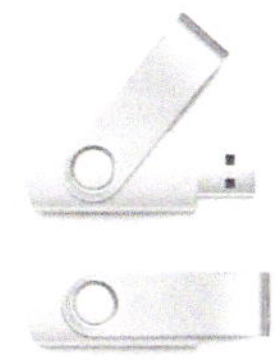
Memoria portátil

Este tipo de dispositivo está muy extendido hoy en día para poder trasladar datos de un lugar a otro. Son muy cómodos de usar gracias a su fácil funcionamiento, poco peso y facilidad de transporte y bajo coste del dispositivo.

Cámara web

Las cámaras web son pequeños dispositivos que se conectan vía USB al equipo (en ordenadores de sobremesa), o vienen integrados en la pantalla de este (ordenadores portátiles). Están provistos de una lente que capta la imagen, y generalmente de un micrófono que recoge la voz para ser emitida o grabada a la par que la imagen captada.

Cámara web

Sabía que...

La cámara web fue el periférico más vendido en el año 2020 por el aumento del teletrabajo.

3. Características técnicas y funcionales

Cada dispositivo periférico posee sus propias características y funciones. Todos cumplen una función específica y pueden modificar drásticamente su rendimiento, longevidad y coste, por lo tanto hay que asegurarse, antes de instalar un dispositivo, que cumple con todas las expectativas o las necesidades que se quieren satisfacer con dicho periférico.

Ejemplo

Si se necesita hacer una serie de impresiones esporádicas en casa, no sería funcional instalar una impresora láser de alto rendimiento, ya que estaría totalmente desaprovechada.

3.1. Impresora

Las impresoras poseen una serie de características que en función de sus componentes y de los métodos de impresión (ruido, velocidad, capacidad, memoria, etc.) permiten catalogarlas en distintos tipos. Las hay de gran capacidad, aquellas que usan un tipo de impresión especial, las de uso doméstico, etc.

3.2. Tipos de impresora según su método de impresión

Cada tipo de impresora posee un método de impresión distinto que las distingue entre sí. La velocidad y calidad difieren entre cada uno de los tipos que se describen a continuación:

- **Impresoras láser:** las impresoras láser usan tóner de tinta en polvo que se deposita sobre una superficie imantada en lugar de cartuchos de tinta líquida (de inyección). Estas impresoras son capaces de imprimir a color usando un tóner para cada tonalidad. Para su funcionamiento utilizan cuatro tóneres diferentes negro *(black),* magenta, azul *(blue)* y amarillo *(yellow).*
  Estas impresoras son más caras que las normales, pero ganan en capacidad de tinta y en velocidad de impresión.

- **Impresoras de sublimación:** se utilizan sobretodo en la impresión de imágenes y fotografías que precisan de una gran resolución. Estas impresoras calientan la tinta durante el proceso de impresión, pero la utilizan en estado gaseoso, lo cual permite una mezcla de colores más precisa que da mayor resolución y calidad. Suelen ser muy caras, y no solo por el periférico en sí, sino por la tinta y el tipo de papel utilizados.
- **Impresoras de inyección de tinta:** esta clase de impresoras calientan la tinta para luego expulsarla en forma de diminutas gotas. Son bastante más lentas aunque más económicas que las láser. Como norma general son las más usadas en el hogar donde el nivel de impresión no es demasiado exigente.

Recuerde

Existen otros tipos de impresoras según el método de impresión que utilizan (de tinta sólida, de matriz de puntos, etc.) pero las más destacadas son las mencionadas anteriormente.

Tipo de conexión

Aunque algunos de los tipos de conexión que se describen a continuación están obsoletos, es recomendable estudiarlos todos, puesto que puede darse la situación de tener que reparar uno de estos dispositivos.

Puerto serie

Este tipo de conexión está prácticamente en desuso hoy en día. Permitían el envío de información de manera muy lenta y fueron rápidamente sustituidos tras la aparición de nuevas conexiones.

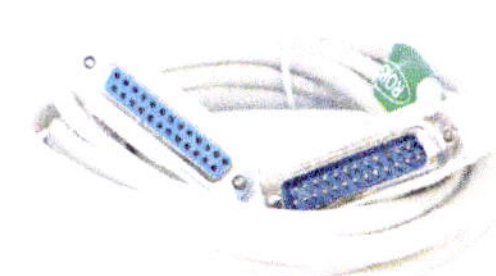

Puerto serie

Puerto paralelo

En resumen es prácticamente igual al mencionado anteriormente, pero con la particularidad de que era capaz de transportar información a una velocidad ocho veces superior al puerto serie.

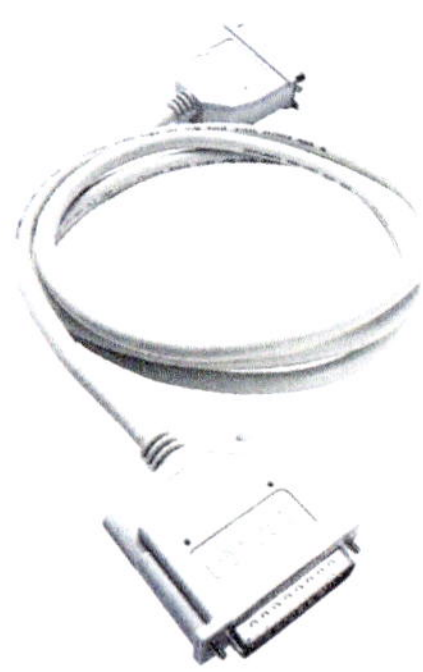

Puerto paralelo

Conexión USB

Este tipo de conexión proporciona una velocidad de envío de datos de más de 300 MB/s, lo cual la convierte en la más usada a día de hoy. También hay que señalar que el uso tan extendido del puerto USB elimina muchas de las limitaciones de compatibilidad con distintos equipos sin importar su sistema operativo o fabricante.

Conexión USB

Conexión WIFI

En los últimos años se ha instaurado el uso de la tecnología wifi no solo en las redes locales de comunicación, sino también en los dispositivos de impresión. Este tipo de conexión evita el uso de cables y permite ubicar la impresora en el lugar que se desee sin tener en cuenta la ubicación física del equipo, consiguiendo así más comodidad que con cualquier otra conexión física.

Conexión Wifi

Conexión ethernet

Algunos dispositivos incorporan el puerto RJ45, que se usa, generalmente, para la conexión de periféricos en red. Se pueden conectar directamente a un rúter o *switch* para que sean accesibles desde distintos puestos de trabajo.

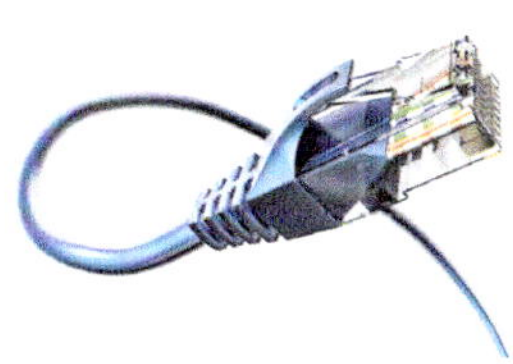

Conector de red ethernet RJ45

La conexión *ethernet* utiliza un tipo de cable llamado de "par trenzado" con un conector RJ45. Este tipo de conexión otorga grandes velocidades de transmisión de datos, desde desde los 100 MB/s (megabytes por segundo) del cable de categoría 5 hasta los 40.000 MB/s del cable de categoría 8.

Nota

Una impresora que posee este tipo de puerto es accesible, por ejemplo, desde cualquier equipo conectado a una red de trabajo soportando toda la carga de impresión.

Tinta

Los tipos de tinta más comunes son la tinta en cartuchos (inyección) o en polvo (tóner).

En la inyección de tinta, esta se vierte a través de unos inyectores que proporcionan cantidades extremadamente pequeñas de tinta, como diminutas gotas. En este método de impresión los inyectores se calientan muchísimo, lo cual limita en gran medida la vida útil de estos. Es por ello que, como norma general, los inyectores se encuentran en los mismos cartuchos de tinta, ya que de otra forma, la sustitución constante de los inyectores encarecería mucho cualquier impresora que utilizase este método de impresión.

Cartucho de tinta

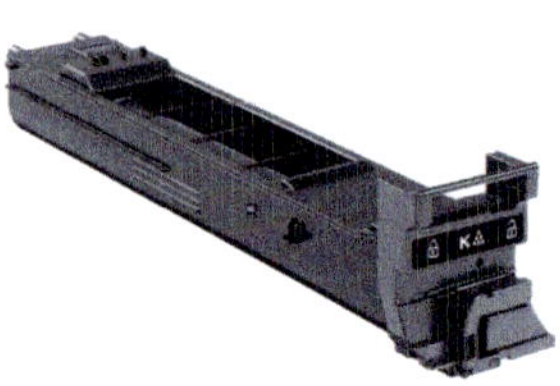

Tóner

En el caso del tóner, la impresión se realiza por medio de pulsos eléctricos que adhieren la tinta en polvo al papel. Su coste es mucho mayor que el de cualquier cartucho de tinta normal, pero posee una capacidad muy superior. Este tipo de impresión es el más extendido en las oficinas y lugares donde la impresión es constante, pero sus copias son menos duraderas que las de impresión por inyección (debido a que la tinta se adhiere al papel si llegar a penetrar en él, al contrario que las impresoras de inyección).

Velocidad

La velocidad de impresión de estos dispositivos se puede medir según dos parámetros:

- El número de páginas por minuto que es capaz de imprimir (ppm). Este es el parámetro más generalizado.
- Los caracteres que imprime por segundo (cps). Es el caso de las impresoras de impacto.

Nota

Las velocidades que pueden alcanzar son muy relativas ya que hay muchos factores a tener en cuenta (la calidad del contenido a imprimir, la cantidad de texto o gráficos que contiene el documento, si es en blanco y negro o en color, el tipo de impresora, etc.)

Memoria

Las impresoras poseen un módulo de memoria interno que se usa para almacenar los documentos que se envían desde el ordenador y que posteriormente son impresos.

La memoria interna de una impresora sigue el siguiente proceso durante su trabajo:

1. Detecta el archivo que se quiere imprimir.
2. La impresora lee los datos que componen el archivo y los divide bit a bit.
3. Tras esto, envía la información descompuesta a los inyectores de la impresora.
4. Y por último, los inyectores traducen esta información e imprimen espacio a espacio la interpretación de esos datos.

Todo este proceso se realiza a muchísima velocidad y da como resultado el documento completo e impreso con exactitud.

Hay impresoras que poseen una capacidad de memoria muy pequeña (hasta los 64 MB) y son las más utilizadas en el hogar. Otras en cambio, las usadas para la impresión de textos o gráficos con gran resolución o de gran tamaño, poseen mayor capacidad de memoria (hasta los 512 MB).

Resolución

La resolución de una impresora es la cantidad de píxeles que componen una imagen o documento. Dicho documento se contempla como una superficie llena de pequeños cuadraditos (a los que se denomina píxeles), y cada uno de ellos tiene un color. A mayor número de cuadraditos, mayor resolución tendrá el documento. La nomenclatura que se usa para detallar este aspecto son los píxeles por pulgada (ppp).

Píxeles

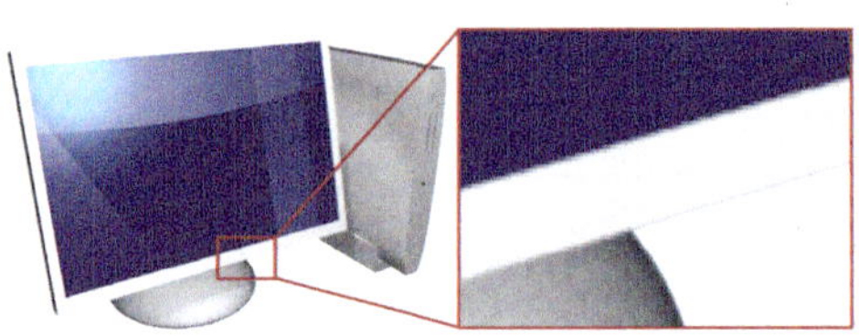

Aplicación práctica

Manuel ha adquirido una impresora para su uso doméstico y se dispone a montarla, ¿qué recomendaciones se darían para instalar una impresora en este ámbito doméstico? ¿Qué impresora se aconsejaría en este caso?

SOLUCIÓN

La mejor impresora que podría instalar Manuel sería una de inyección, porque el volumen de trabajo que se tiene en un hogar es mucho menor que el que se puede dar, por ejemplo, en una oficina. Las recomendaciones generales para instalar una impresora son asegurarse de que se posean las conexiones necesarias para realizar la conexión y comprobar si los conectores de conexión de la impresora y los del ordenador son los mismos. También se deberá realizar la instalación en un lugar con suficiente luz y poner la impresora en una superficie limpia, fija y nivelada para evitar que el dispositivo se dañe y asegurarse que el dispositivo funciona correctamente.

Importante

Se debe tener en cuenta que si se aumentan píxeles por pulgada, la calidad de la impresión será mayor, pero el carro de impresión deberá realizar más pasadas para poder imprimir cada uno de los píxeles del documento. De este modo se verá incrementado el consumo de tinta y el tiempo que tardará la impresora en finalizar el trabajo.

3.3. Escáner

Al igual que la impresora, un escáner tiene una serie de parámetros que los diferencian entre sí. Estos parámetros están basados en su forma de trabajar.

Resolución

Para conseguir una mayor definición, calidad y nitidez, los escáneres tienen un baremo que mide el número de puntos por pulgada que son capaces de alcanzar. A este parámetro se le llama **resolución.**

Esta resolución viene dada por el CCD *(Charge Coupled Device,* dispositivo acoplado por carga eléctrica) y es la más importante, ya que implica los límites físicos de calidad que se pueden conseguir con el escáner.

Nota

El CCD consiste en un elemento electrónico que reacciona ante la luz, transmitiendo más o menos electricidad según sea la intensidad y el color de la luz que recibe. Es prácticamente el elemento más importante del escáner.

Este tipo de resolución se obtiene de manera artificial. El ordenador por medio de operaciones matemáticas y un determinado *software* es capaz de incrementar el tamaño y resolución de una imagen dando más calidad de la que se conseguiría simplemente con la resolución nativa del dispositivo.

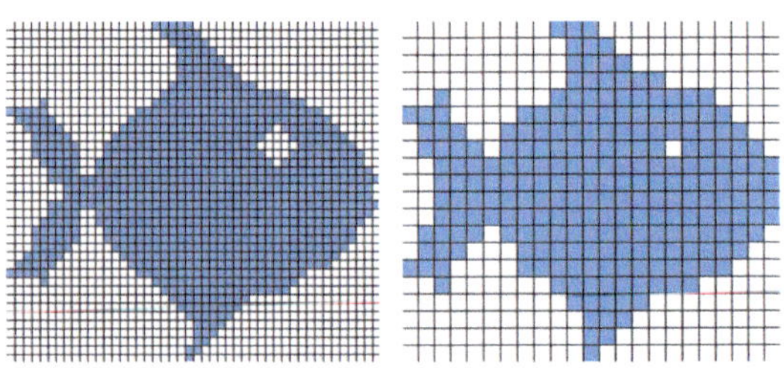

Escaneo de calidad y por *software*

De esta forma los escáneres de menor calidad pueden obtener mayores resoluciones usando el *software* del ordenador. Sin embargo, no es recomendable utilizar este método cuando se trata de escanear imágenes en las que se necesita mayor calidad.

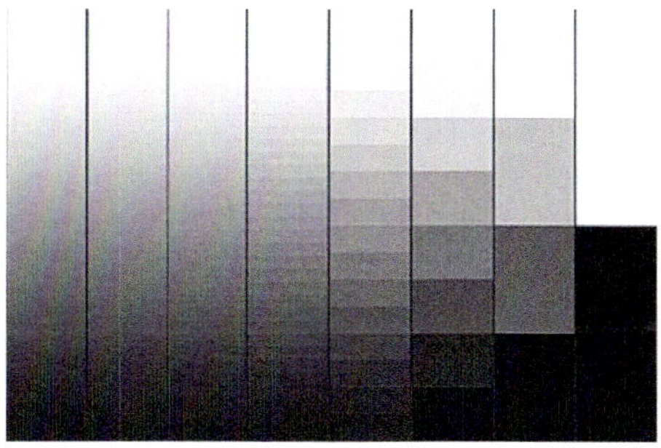

Profundidad de color en escala de grises

Profundidad de color

Se basa en el número de bits que el escáner toma de una imagen en comparación con su color original (estos valores también se aplican a la escala de grises). A mayor número de bits, la imagen será más nítida y se obtendrá un mayor parecido al color original. Por lo tanto se conseguirá una mayor calidad.

Rango dinámico

El rango dinámico (también llamado densidad óptica) es la capacidad que posee el escáner de captar colores en las partes oscuras y claras de una imagen. Si un escáner, por mucha resolución que posea, tiene un bajo rango dinámico no conseguirá obtener nitidez en la imagen puesto que en las partes más claras y más oscuras de esta aparecerán sombreados que desentonarán en el resultado final del documento.

Aplicación práctica

Aída es diseñadora gráfica y trabaja con imágenes de mucha resolución. Necesita instalar un escáner en su ordenador. Llama a un técnico para que le aconseje sobre el escáner más adecuado que puede instalar en su equipo. Atendiendo a las anteriores consideraciones, ¿cuál sería el más apropiado para esta situación? Explique por qué.

SOLUCIÓN

La mejor solución sería instalar un escáner de alta resolución que posea un rango dinámico bastante alto para poder captar todos los detalles de las imágenes con las que Aída va a trabajar.

3.4. Lectores ópticos

Los lectores ópticos abarcan desde los lectores de códigos de barras hasta las grabadoras/lectoras de CD/DVD. Las especificaciones técnicas que se detallan a continuación se centran más en estas últimas, dado que poseen una relación más directa con la informática. En cierto modo, las características que las distinguen se basan prácticamente en su medio de conexión, ya que pueden ser externas o internas existiendo varios tipos de las segundas.

Grabadoras externas

Las grabadoras externas son grabadoras idénticas a las que se pueden instalar en el zócalo de una torre de ordenador destinado a tal uso. La única diferencia es que se alojan en una caja con un conector USB que permite tener mayor movilidad pudiéndose conectar a equipos portátiles o a ordenadores desprovistos de unidad óptica.

Grabadoras externas

Grabadoras internas

Las grabadoras internas difieren entre ellas según su tipo de conexión, y cada una de ellas deberá ser conectada en función de su alimentación y del tipo de conector que se posea en la placa base del equipo. En función de esto se podrán diferenciar dos clases:

- **IDE:** las grabadoras IDE se conectan mediante una faja de datos (de 40 u 80 pines) que son el medio de comunicación y transporte de información entre el equipo y los datos almacenados en el ordenador.
- **SATA:** las grabadoras de este tipo poseen una faja de datos de mucho menor tamaño y un conector más pequeño, pero que alcanza una mayor velocidad y resultado de transferencia de información. También se obtiene un mayor orden dentro del PC debido al tamaño del cable conector de datos. Su principal característica es que se puede conectar y desconectar un dispositivo SATA sin necesidad de apagar o reiniciar el ordenador.

Velocidades de grabación

Las velocidades de grabación dependen del tipo de disco que se use en el trabajo y de la velocidad de lectura/escritura de la unidad óptica. La media de velocidad de una grabadora está en torno a los 1.350 Kbps, y dependiendo de la velocidad de la grabadora se usará un múltiplo de esa capacidad.

Ejemplo

Si una grabadora es de 16x podrá leer datos a 21.600 Kbps, mientras que otra que solo sea de 4x realizará su trabajo a 5.400 Kbps.

Memoria *buffer*

La memoria *buffer* de un lector óptico es la cantidad de datos que almacena virtualmente en bloques que pasan a ser procesados para su grabación o lectura. A mayor cantidad de *buffer* mejores resultados en velocidad y calidad de grabación se obtendrán.

Ejemplo

Para entender mejor este concepto se puede comparar el disco donde se va a grabar con una gran pared en blanco. Los datos que se van a grabar son la pintura que se va a utilizar para pintar esta pared. El *buffer* en este caso es la brocha. Si la memoria *buffer* del lector es pequeña, es como si se intentase pintar la pared con un pincel fino. Si la memoria es mayor, la brocha será un rodillo grande, por lo tanto se gana en rendimiento y calidad.

Se pueden entender los datos que se cargan en el *buffer* como la pintura que empapa la brocha. A mayor *buffer* mayor cantidad de datos se graban en el disco a cada pasada que la lente hace.

3.5. Altavoces, micrófonos y dispositivos multimedia

En este apartado se detallan las principales características y funciones que desempeñan cada uno de estos periféricos.

Altavoces

Los altavoces son el medio por el cual se recibe el sonido que reproduce digitalmente el ordenador. Algunas de sus principales características se muestran a continuación.

Potencia

La potencia es el rango de energía eléctrica que puede soportar un altavoz. Es en definitiva la cantidad de vatios capaz de admitir antes de comenzar a distorsionar el sonido.

En la potencia de un altavoz se distinguen dos características:

- **La potencia PMPO** (*Peak Music Power Output,* potencia de salida de pico musical), que indica el valor máximo de potencia que podría llegar a soportar un altavoz antes de romperse.
- **La medición RMS** *(Root Mean Square),* la cual da el valor real de potencia que un altavoz puede proporcionar.

Por eso no es de extrañar que en las especificaciones del fabricante se encuentre un altavoz que proporcione 120 W de potencia PMPO, pero cuyo valor real (RMS) sea de 12 W.

Impedancia

La impedancia es la resistencia que ejerce el altavoz frente a una fuente eléctrica. Cuanto menor sea la impedancia más directa será la entrada de energía al altavoz, y por tanto mayor será la calidad del sonido. Se mide en ohmios (Ohm), y contabiliza la cantidad de energía que soporta un altavoz en su circuito antes de que se dañe.

Direccionalidad

La direccionalidad es el modo en el que el altavoz propaga el sonido. Esta puede ser:

- **Omnidirecional:** propaga el sonido en 360º.
- **Bidireccional:** propaga el sonido (mayormente) hacia la parte frontal y posterior del altavoz.
- **Unidireccional:** propaga el sonido hacia una zona muy concreta escuchándose muy poco en las demás direcciones.

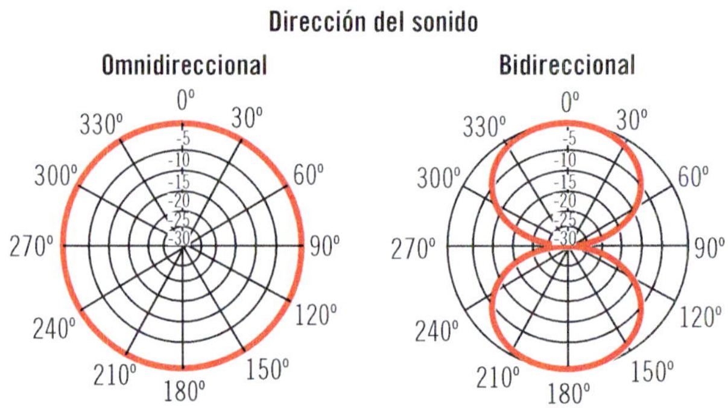

Micrófonos

Los micrófonos comparten características muy parecidas a la de los altavoces, pero cabe reseñar una cualidad más en este apartado que es la sensibilidad. La sensibilidad de un micrófono viene dada por el número de decibelios que es capaz de soportar antes de la distorsión.

Importante

Entre las características también hay que indicar la direccionalidad del micrófono, dado que los hay de mayor o menor rango de alcance.

Los micrófonos usados en informática suelen ser unidireccionales y de escasa sensibilidad ya que, generalmente, se usan para grabar la voz de un interlocutor que se encuentra muy cerca del micrófono.

Otros dispositivos multimedia

Entre otros dispositivos multimedia se pueden encontrar las cámaras web. Estos pequeños dispositivos están provistos de una lente que capta imágenes o fotografías que almacena directamente en el disco duro del ordenador o que distribuye a tiempo real en internet, como es el caso de las videoconferencias.

También destacan otros dispositivos como las cámaras de fotos/vídeo. Estos aparatos funcionan de manera totalmente externa al ordenador, pero a veces necesitan de este para descargar y almacenar las fotografías y vídeos que previamente se han realizado con el dispositivo.

3.6. Lectores de cinta *backup*

Los lectores de cinta son capaces de albergar una gran cantidad de datos que se graban de manera secuencial en cintas electromagnéticas.

Capacidad

La capacidad de un lector de cintas de *backup* suele ser bastante grande pues está pensado para almacenar y proteger una gran cantidad de datos. El número de gigas variará según el fabricante y el tipo de cintas utilizadas.

Velocidad de transferencia

Suele oscilar entre los 5 MB y los 15 MB/s. Hay que tener en cuenta tanto el tipo de dispositivo que se use como el tipo de cinta donde se graben los datos.

Cinta de backup

Importante

Hay que anotar en este punto que los datos comprimidos y grabados en este dispositivo se almacenan de manera secuencial, y por lo tanto, la forma de acceder a ellos se realiza del mismo modo. No se pueden dar saltos en la información como se podría hacer en un sistema de carpetas.

3.7. Otros dispositivos periféricos

Hay multitud de dispositivos que no se pueden englobar dentro de los grupos anteriores, pero cada uno cumple una necesidad importante. Es el caso de los *pendrives*, memorias USB, o los módems USB que permiten tener conexión a internet en cualquier lugar.

Memorias USB

Las memorias USB son pequeños dispositivos de conexión directa mediante los puertos USB, que albergan una memoria interna que oscila entre los 64 MB (los más pequeños en capacidad) hasta teraBytes. Sus características más reseñables son la portabilidad a causa de su pequeño tamaño y su instalación totalmente automática.

Módems USB

Los módems USB son muy semejantes a las unidades de memoria USB en tamaño y aspecto, pero cumplen una función muy distinta. Tienen una bahía donde se aloja una tarjeta SIM, la cual permite la conexión a internet cumpliendo con las funciones de un rúter normal. Como norma general es autoinstalable, algunos modelos también pueden contener un espacio para poder insertar una tarjeta de memoria para que funcione como una unidad de memoria USB normal.

Nota

Este dispositivo realiza una conexión por medio de cobertura suministrada (por lo general) por una compañía telefónica.

4. Parámetros de configuracion

Los parámetros de configuración de un dispositivo son las distintas opciones o cambios que se pueden realizar sobre el periférico para ajustar el funcionamiento de este a las condiciones deseadas por el usuario. En este apartado, se muestran los parámetros más genéricos que se pueden encontrar en cada tipo de periférico, sin embargo, hay que tener en cuenta que, dependiendo de la marca, el modelo y el fabricante pueden variar las opciones de cada uno de ellos.

4.1. Impresora

Para acceder a los parámetros de configuración de una impresora hay que situarse en el **Panel de control → Dispositivos → Impresoras.** Se selecciona la impresora sobre la que se desea obtener los datos de configuración y pulsando con el botón secundario del ratón sobre ella, se desplegará el menú emergente con la opción que se debe clicar **Propiedades.**

En la configuración se encuentran como norma general dos opciones clave: presentación y papel/calidad.

No se tendrá acceso a estas opciones si el ordenador está conectado a una impresora en red, ya que estos parámetros solamente los podrá modificar el administrador.

Presentación

En la presentación se pueden elegir varias opciones:

- **Orientación:** es la forma en la que se desea que se imprima el documento. Puede ser apaisado (horizontal) o vertical.
- **Orden de las páginas:** ascendente, (imprimirá las hojas desde la número 1 a la última) o descendente (lo hará en sentido inverso, desde la última hasta la 1). Esta última opción es muy útil si se quiere que el trabajo se imprima de manera ordenada.

- **Páginas por hoja:** se puede elegir que se impriman varias páginas en una sola hoja, reduciendo así el gasto en papel.
- **Opciones avanzadas:** aquí se determinan algunos valores técnicos de la impresión, tales como el tipo de papel que se desea utilizar, resolución que se le quiere dar al proyecto, escala, tipo de fuente, etc.

Papel/calidad

- **Origen del papel:** se elige si la alimentación del papel se hará de manera automática o manual.
- **Color:** indicará la posibilidad de imprimir el trabajo en color o en blanco y negro.

Otros parámetros

Entre ellos se encuentran el ajuste del tamaño de impresión a la página, si se desea que el trabajo se imprima en calidades distintas (borrador, óptimo o fotográfico), si se quiere aplicar alguna marca de agua, tamaños de papel (desde tarjetas y sobres hasta hojas de tamaño superior al A4), modo economizador (reduce el gasto de tinta pero empeora la calidad del resultado), etc.

Aplicación práctica

María se dispone a imprimir un documento pero cuando pulsa sobre el icono de impresión aparece una ventana con múltiples opciones de presentación. ¿Cuáles son las más comunes? Detalle cada una de ellas.

SOLUCIÓN

Las principales opciones son orientación, dónde se decide la forma en la que se quiere que se imprima el documento (horizontal o vertical). Orden de las páginas, que puede ser ascendente o descendente. Páginas por hoja, en la que se puede decidir si se quieren poner varias hojas en la misma página. Opciones avanzadas, dónde se pueden determinar algunos valores técnicos de la impresión, tales como el tipo de papel que se desea utilizar, resolución que se le quiere dar al proyecto, escala, tipo de fuente, etc.

4.2. Escáner

Al igual que sucede con la impresora, el escáner también posee una serie de opciones que ayudarán a configurar la imagen que se quiere obtener.

- **Calidad.** En este apartado se ofrece la opción de cambiar la resolución con la que se obtiene el trabajo, como normal general se establecerá entre 150 ppp (puntos por pulgada) pudiendo superar los 1200 ppp.
- **Tipo de imagen.** Se podrá elegir si el elemento que se va a digitalizar es un texto, una imagen, o si está compuesta por ambos elementos (texto e imágenes).
- **Escaneo OCR.** El escaneo OCR *(Optical Character Recognition)* es un tipo de escaneo que permite mediante el *software* del escáner tomar imágenes compuestas por texto. El ordenador obtiene cada uno de los caracteres del texto y los almacena. De esta manera se puede trabajar y editar el texto obtenido.
- **Tamaño de imagen.** Permite elegir el tamaño del documento final obtenido (igual que el original o de un tamaño superior o inferior).
- **Ajustes de imagen.** Aquí se ajusta el brillo y contraste de la imagen que se quiere obtener en el documento escaneado.
- **Opciones avanzadas.** Estas opciones incluyen el enfoque, el escaneo en espejo (dando como resultado el escaneo inverso de la imagen), zoom (por si se quiere seleccionar solo una parte del documento para escanear), rotación de imagen, corrección de tonos (para poder ajustar la nitidez de los colores) y formato (aquí se podrá elegir la extensión de archivo con la que se guardará el documento, por ejemplo .bmp o .jpg).

Aplicación práctica

El técnico de una empresa necesita escanear un documento para almacenarlo en su ordenador. El documento es un texto que contiene gráficos. ¿Qué configuración sería la más adecuada atendiendo a las características técnicas de un escáner?

Continúa en página siguiente >>

<< Viene de página anterior

SOLUCIÓN

La calidad para este tipo de documento será suficiente si se aplica 200 ppp, ya que solo quiere almacenarlo. También se elegirá el tipo de imagen compuesto, ya que contiene imágenes y texto a la vez. Si se quiere utilizar el texto y que sea seleccionable una vez escaneado lo mejor es usar el escaneo OCR para que reconozca los caracteres del documento. En los ajustes de imagen se podrá decidir sobre el brillo y contraste de la imagen que se quiere obtener y como última opción se debería elegir primero un escaneado rápido para que muestre una previsualización del trabajo.

4.3. Lector óptico

Los lectores ópticos usan una configuración predeterminada y sus parámetros de configuración se establecen mediante las distintas opciones del *software* que use.

Aun así se pueden ajustar algunos parámetros:

- **Velocidad.** Se puede ajustar la velocidad del lector óptico al leer/escribir en función del tiempo del que se disponga para realizar el trabajo, aunque, una mayor velocidad, puede inducir a errores de lectura/escritura pues el haz de la lente pasa más rápido sobre la superficie del disco.
- **Tipo de datos.** En el tipo de datos se decide el formato de los datos que se van a proceder a usar en el lector óptico. Estos pueden ser de audio, vídeo, datos genéricos (imágenes, documentos de texto y datos compilados) o archivos de imagen.
- **Etiqueta.** Permite dar un nombre al trabajo una vez realizado.
- **Simulación.** Recrea el trabajo que se va a realizar de manera virtual para comprobar que no existen errores a la hora de copiar/grabar información.
- **Grabación.** Aquí se podrán configurar varias opciones del dispositivo, como por ejemplo, que la copia sea multisesión (permitiendo añadir datos a posteriori una vez finalizado el trabajo), el número de copias, etc.

Recuerde

En los lectores ópticos, los parámetros de configuración no se establecen sobre el propio periférico sino mediante el *software* que se usa al trabajar con él.

4.4. Altavoces, micrófonos y otros dispositivos multimedia

En los distintos dispositivos multimedia se encuentran una serie de características que se deben configurar en función del tipo de periféricos conectados al ordenador.

- **Volumen.** Se ajusta la potencia que se quiere obtener del dispositivo de audio.
- **Configuración del altavoz.** Se selecciona el tipo de altavoces conectados al equipo (auriculares, dispositivos 5.1, altavoces de sobremesa, etc.), y el rendimiento. En el rendimiento se pueden configurar dos valores: aceleración de *hardware*, y la calidad de conversión de la velocidad de muestreo.
- **Otros parámetros de configuración.** En el resto de parámetros se puede configurar el tipo de dispositivo que se usará de manera predeterminada si se tienen varios conectados, el nivel de volumen del micrófono, el balance de sonido de altavoces y micrófonos, etc.

4.5. Lector de cinta *backup*

Sus características de configuración son pocas pero importantes, pues dependiendo de la configuración que se le asigne se logrará mayor capacidad de almacenamiento y rapidez.

- **Tipo de compresión.** Puede ser de dos clases: el modo nativo (que es la capacidad que viene por defecto) o comprimido (que se consigue con un *software* especial que aumenta la capacidad de datos que se pueden almacenar en cada cinta).

- **Frecuencia de actualización.** La frecuencia de actualización determina cada cuánto tiempo se realiza la copia de seguridad, y si se realiza de manera automática (programada a una serie de intervalos de tiempo) o manual, en la que el usuario decide por sí mismo cuando debe realizarse la copia.

Aplicación práctica

Alberto ha realizado una serie de copias de seguridad para su empresa, y su encargado le ordena que almacene las cintas en lugar seguro pues poseen datos de vital importancia. ¿Sabría determinar cuáles son las especificaciones técnicas más importantes de un lector de cintas de respaldo? ¿Qué cintas son las más fiables para realizar este tipo de tareas?

SOLUCIÓN

Las especificaciones técnicas más importantes son la tecnología de grabación que usa, la velocidad de transferencia de datos que permite, el tamaño del *buffer* (a mayor tamaño mayor velocidad de grabación) y el formato (indica el tipo de cintas utilizadas). Las cintas más fiables para realizar copias de seguridad son las DAT porque, aunque sean más lentas, son capaces de albergar mayor cantidad de datos en una única grabación.

5. Recomendaciones de uso

Dependiendo del tipo de dispositivo, del fabricante, el sistema operativo y otros parámetros existen una serie de recomendaciones de uso para cada uno de los periféricos citados.

5.1. Impresora

Las recomendaciones de uso para este dispositivo dependerán del tipo de impresora. A continuación se detallan las más comunes:

- **Impresora matricial:** su coste de impresión es muy bajo, por lo tanto es muy recomendable instalarla en lugares donde la impresión es constante y no se precisa de una gran calidad. Está indicada para la impresión de texto y de papel autocopiativo, permitiendo también la impresión en papel continuo. Aunque actualmente se encuentra en desuso, todavía se pueden encontrar en almacenes de suministros que necesitan guardar copias de los albaranes de salida de producto.

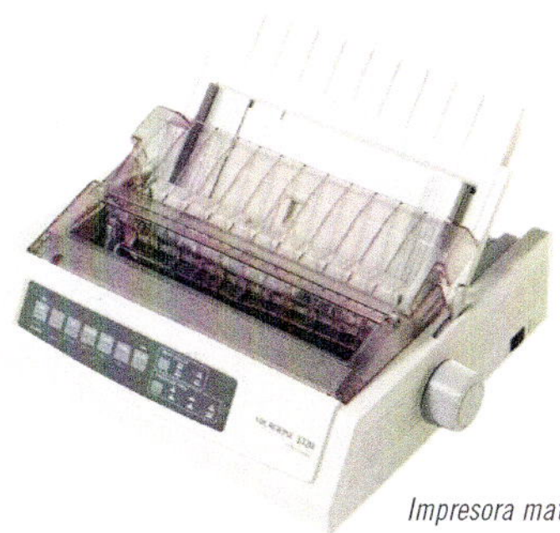

Impresora matricial

Nota

La impresora matricial es un tipo de impresora de impacto.

- **Impresora de inyección:** es la más aconsejable si no se posee un volumen de trabajo grande, y es perfecta para la impresión de textos, gráficos e imágenes.

Impresora de inyección

- **Impresora láser:** se recomienda su uso en lugares de trabajo donde la impresión es constante y se necesitan velocidad y calidad en lo que a texto e imágenes en blanco y negro se refiere. Tiene una alta capacidad de respuesta y eficiencia, así que su uso en redes de oficina es el más indicado para este tipo de impresora.

Impresora láser

- **Impresora multifunción:** engloba todas las características anteriores excepto la velocidad y eficiencia de la impresora láser. Su mantenimiento puede ser más alto, pero permite una gran versatilidad, así que se recomienda su uso en el ámbito doméstico y en oficinas donde no exista un gran volumen de impresión. Se pueden encontrar en el mercado impresoras multifunción de inyección de tinta o láser, que permitan la impresión en blanco y negro o en color.

Impresora multifunción

- **Otras recomendaciones:** hay que tener en cuenta dentro de las recomendaciones la calidad y disponibilidad de suministros de cada tipo de impresora, así como el medio de conexión del que se dispone. Todas estas consideraciones deben considerarse al elegir el tipo de impresora que se va a instalar en el ordenador.

  También hay que reflexionar sobre aspectos como el tipo de papel que se va a utilizar (eligiendo bien su densidad), así como los consejos prácticos que puede proporcionar cada fabricante, por ejemplo, no desconectar la impresora de su puerto aunque no se esté usando, tener cuidado con los residuos sólidos en la bandeja de alimentación (*clips* y grapas), etc.

5.2. Escáner

Las recomendaciones de uso para este dispositivo son:

- Utilizar una resolución correcta para cada documento que se quiere digitalizar.
- Usar una profundidad de bits adecuada.
- Establecer una compresión adecuada. Si la compresión de la imagen es demasiado alta podría dar como resultado una imagen muy pequeña dificultando el trabajo sobre ella.

5.3. Lector óptico

Para los lectores ópticos se recomienda un mantenimiento de la lente para que no se ensucie.

Nota

Si la lente de un lector óptico está sucia se originarán desperfectos en las copias.

Se aconseja no utilizar CD limpiadores pues pueden llegar a descalibrar o dañar la lente. Su uso es recomendado para realizar copias a nivel usuario, ya que para una mayor condensación de datos se dispone de los discos duros extraíbles o las lectoras de cintas de *backup.*

El proceso para limpiar la lente es un tanto complicado, la manera más correcta y segura para no dañarla es la siguiente:

- Primero se debe retirar la tapa superior del lector, para ello se desatornilla la placa metálica superior.
- A continuación se utilizará un trozo de papel secante y unas gotas de alcohol para limpiar con sumo cuidado la lente.
- Y por último, antes de montarlo todo, se aplicará con otro trozo de papel secante una gota de aceite a los rieles por los que se desliza la lente para que se mueva con mayor facilidad.

Aplicación práctica

Pablo se ha dado cuenta de que tras mucho tiempo utilizando su lector/grabador de DVD los discos que usa en sus grabaciones no se reproducen correctamente. Ante la sospecha de que la lente de su dispositivo esté sucia, ¿qué procedimiento se debería seguir para limpiarla?

SOLUCIÓN

Se utilizará un destornillador de punta fina de estrella, papel secante y unas gotas de alcohol. Primero se debe retirar la tapa superior del lector, para ello se deberá desatornillar la placa metálica superior. A continuación con el trozo de papel secante y unas gotas de alcohol se limpiará con sumo cuidado la lente. Por último, antes de montarlo todo, se aplicará con otro trozo de papel secante una gota de aceite en los rieles por los que se desliza la lente para que se mueva con mayor facilidad.

5.4. Altavoces, micrófonos y otros dispositivos multimedia

Para los altavoces se recomienda que se adapten a las necesidades del usuario ya que no sirve de nada montar un sistema de sonido complejo en un puesto de trabajo donde se necesita concentración, ni tampoco utilizar unos altavoces de sobremesa para proyectar vídeos con asiduidad.

En el uso de los altavoces se aconseja un nivel auditivo moderado que no dañe el oído. En el caso del resto de dispositivos, como pueden ser los micrófonos, hay que tener claro el uso al que se van a destinar para poder acertar con el modelo que se quiere instalar.

Se desaconseja los altavoces de gran tamaño o potencia pues podrían precisar de un amplificador, lo cual incrementaría su coste considerablemente. En el caso de un sistema *home-cinema* la orientación de los altavoces es vital para conseguir una correcta dosificación del sonido.

5.5. Lectores de cintas *backup*

Para las copias de seguridad de datos no demasiado grandes se recomienda el uso de cintas QIC (cinta de un cuarto de pulgada) y TRAVAN.

Si se desea realizar copias de seguridad de grandes cantidades de datos es preferible usar las cintas DAT, que son bastantes más lentas que las QIC o TRAVAN, pero son capaces de albergar mucha más información. Las lectoras de cintas de *backup* son recomendadas para aquellos usuarios que necesiten hacer copias de seguridad que perduren mucho tiempo.

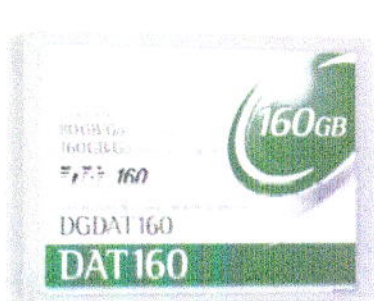

Cinta DAT

Cinta DDS-3

Cinta TRAVAN

Importante

Con este tipo de cinta hay que tener cuidado pues existen problemas de compatibilidad dependiendo del lector que se use.

5.6. Otros dispositivos

Con respecto al resto de periféricos, como pueden ser las memorias USB, se recomienda su uso para el traspaso o almacenaje de poca cantidad de información, o de datos que van a ser utilizados con asiduidad. No se recomienda guardar datos importantes en este tipo de dispositivos, ya que son sensibles a los cambios de temperatura.

En cuanto a las cámaras web hay que tener en cuenta varios factores: la luz ambiental (no suelen trabajar bien en ambientes oscuros), la resolución (es necesario que la cámara posea al menos entre 1,6 y 3,2 megapíxeles para que capte imágenes nítidas) y el tipo de compatibilidad con el sistema operativo.

En el caso de los módems USB se recomienda su uso en exteriores debido a la necesidad de cobertura para poder proporcionar una mejor calidad de la señal de internet.

Los dispositivos del tipo cámara de fotos o vídeo no necesitan de muchas recomendaciones porque son pequeños "ordenadores" que funcionan por sí mismos, aunque es aconsejable usar el *software* que suele acompañarles para pasar los datos del dispositivo al ordenador.

6. Especificaciones técnicas

Las especificaciones técnicas son las características que definen al periférico. Indican sus capacidades, velocidades, métodos de trabajo, resolución, etc.

6.1. Impresoras

Hay que tener en cuenta que cada impresora, según modelo y marca, diferirá en cada una de sus características, ya que hay varios modelos y cada uno está orientado a una función especifica.

- Método de impresión: puede ser de inyección de tinta, matricial por puntos, o impresión láser.
- Resolución de impresión: varía según el fabricante. Oscila entre los 300 x 300 dpi y los 4800 x 1200 dpi.
- Velocidad de impresión: dependiendo de si la impresión es en blanco y negro y del tipo de impresora, esta puede ser de más o menos páginas por minuto.
- Tipo de tinta: tóner o cartucho con inyector.
- Mínimo y máximo del ancho de la faja de impresión: en caso de una impresora de inyección, a mayor tamaño de la faja de impresión mayor velocidad, pues la superficie de impresión es mayor.

Aplicación práctica

Paco tiene que proveerse de una impresora para su oficina pero necesita una velocidad de impresión alta y que los consumibles no le salgan muy caros. Ante la duda consulta a un técnico en instalaciones amigo suyo. Si usted fuese ese técnico, ¿qué le recomendaría a Paco?

SOLUCIÓN

Se le debería recomendar una impresora de inyección a color que utilizase consumibles reciclables, tanto en papel como en cartuchos de tinta. Esta debería configurarse de manera predeterminada para que imprima en calidad mixta, que comprende tanto imágenes como texto. También le aconsejaría que utilizase la opción de economización de tinta, que, aunque no da tanta calidad, sí que aumenta los tiempos de impresión al usar menor cantidad de tinta.

6.2. Escáner

Estas especificaciones técnicas van orientadas a los escáneres domésticos y de oficina, y que no tienen nada que ver con las especificaciones de grandes escáneres de diseño industriales.

- Tipo de escáner: si es plano, de rodillo, etc.
- Tamaño máximo del elemento: indica la superficie máxima que es capaz de digitalizar.
- Peso en bandeja de documentos: indica el peso máximo que soporta la bandeja donde se deposita el documento físico a digitalizar.
- Resolución óptica: suele ser entre 600 y 2000 ppp.

6.3. Lector óptico

Al igual que sucede con los escáneres, estas especificaciones técnicas no se pueden aplicar en su totalidad a los lectores industriales o de serie que realizan cientos de copias a la hora.

- Velocidad de lectura/grabación: vendrá dada según el modelo y fabricante.
- Tipo de conexión: SATA o IDE.
- Voltaje: necesario para conocer el tipo de fuente de alimentación que se debe usar.
- Bandeja: las hay retráctiles y de bahía.
- Tipo de unidad soportada: se refiere al tipo de discos con los que es capaz de trabajar o de reconocer. (CD-R, CD+R, DVD-R, etc.).

Ejemplo

Los que se usan para la copia de películas o en la industria de la música.

6.4. Altavoces, micrófonos y otros dispositivos multimedia

Aquí se detallan las especificaciones técnicas generales sin incluir valores puesto que el rango de dispositivos que se pueden encontrar en el mercado es muy alto:

- **Potencia RMS:** es el valor real de la potencia
- **Potencia PMPO:** es el pico máximo de potencia que puede soportar el dispositivo.
- **Relación de señal de ruido:** cuanto mayor sea esta relación mayor volumen tendrá, pero no sucede lo mismo con la calidad.
- **N.º de vías:** el número de vías indica el número de canales que posee el sistema para reproducir el sonido.
- **Impedancia:** se mide en ohmios (Ohm).
- **Diámetro de altavoz:** definido en pulgadas dependiendo del tamaño.
- **Frecuencia:** la frecuencia que el altavoz genera detallada en hercios (Hz).

Aplicación práctica

Álvaro ha adquirido unos altavoces para su estudio de grabación. Desea obtener un resultado con una calidad muy alta, aunque para ello deba sacrificar la potencia. ¿Qué características técnicas deberá tener ese tipo de altavoces?

SOLUCIÓN

Bastaría con una potencia RMS (valor real de esta) de unos 80 vatios. En cuanto a la relación señal/ruido esta debe ser bastante baja para que al aumentar el volumen del altavoz el sonido sea nítido. También tendrían que tener una impedancia lo suficientemente alta para que no distorsione el sonido al soportar un volumen elevado. La frecuencia del altavoz tendría que ser media para que tanto la impedancia como la potencia sean compensadas.

6.5. Lector de cintas de *backup*

En los lectores de cintas de *backup* las especificaciones técnicas son bastante genéricas pues su función es únicamente la de almacenamiento de datos. Por lo tanto, sus características se aplican casi a la totalidad de lectores de cintas de *backup* que existen en el mercado actual.

- **Tecnología de grabación:** según el tipo de tecnología se conseguirá más o menos capacidad de grabación.
- **Capacidad:** indica el número de gigas que es capaz de almacenar de manera nativa.
- **Velocidad de transferencia:** señala el número de gigabytes que transfiere a la hora.
- **Tamaño del *buffer:*** según el modelo oscilará entre 8 y 64 MB.
- **Capacidad de cifrado:** indica en qué modo se cifran los datos y variará según el modelo.
- **Formato:** indica el tipo de cintas utilizadas.

7. Resumen

Un equipo informático es un conjunto formado por un ordenador y múltiples accesorios que ayudan a la realización del trabajo de un PC. Elegir cada uno de estos accesorios o periféricos, y conocer sus características y capacidades permite sacar el máximo partido a estos dispositivos consiguiendo un plus en su acabado final, y ganando, no solo en rapidez, sino en una mayor comprensión y calidad de los trabajos realizados

Entre los periféricos más importantes destacan las impresoras, los escáneres, los lectores ópticos, los lectores de cintas de *backup,* los altavoces y los micrófonos, cada uno de ellos con unas posibilidades de configuración determinadas.

Ejercicios de repaso y autoevaluación

1. Señale si las siguientes afirmaciones son verdaderas o falsas.

a. Una impresora es un dispositivo periférico de entrada.

- ☐ Verdadero
- ☐ Falso

b. Un micrófono puede ir integrado en una cámara web.

- ☐ Verdadero
- ☐ Falso

c. Un lector de cintas de *backup* almacena pequeñas cantidades de datos.

- ☐ Verdadero
- ☐ Falso

d. Un módem USB no necesita de una fuente de corriente externa para funcionar.

- ☐ Verdadero
- ☐ Falso

e. De los tipos de impresoras, la láser es la más lenta.

- ☐ Verdadero
- ☐ Falso

f. La conexión de impresora de puerto serie es la más utilizada hoy en día.

- ☐ Verdadero
- ☐ Falso

2. **Con mayor resolución en la impresión, se consigue...**

   a. ... mayor velocidad.
   b. ... mejor calidad.
   c. ... menor consumo de tinta.

3. **La densidad óptica es sinónimo de...**

   a. ... rango dinámico.
   b. ... resolución.
   c. ... nitidez.

4. **Para conectar una grabadora SATA es necesario utilizar un cierto tipo de cable de conexión. ¿Cuál es?**

   a. Cable IDE.
   b. Conector SATA.
   c. Cable de expansión IDE.

5. **¿Qué sucede cuanto mayor es el *buffer* de grabación de un lector óptico?**

   a. Su velocidad es mayor.
   b. Su velocidad es menor.
   c. El *buffer* no influye en la velocidad de grabación.

6. **¿Qué define la potencia RMS de un altavoz?**

   a. La potencia real.
   b. El pico máximo de potencia.
   c. La impedancia.

7. **¿Qué permite el escaneo OCR de un escáner?**

   a. Reconocer texto en el escaneo.
   b. Mayor resolución.
   c. Escanear en color.

8. ¿En qué se diferencian la grabación y la simulación en un lector óptico?

a. En que la simulación es definitiva.
b. En que la simulación es un proceso virtual.
c. La simulación no necesita incluir un disco físico en el lector.

9. ¿Qué es lo más recomendable para limpiar un lector óptico?

a. Es recomendable usar discos de autolimpieza.
b. Usar productos químicos.
c. Todas las opciones son incorrectas.

10. La impedancia de un altavoz se mide en...

a. ... ohmios.
b. ... vatios.
c. ... centímetros.

11. ¿Cuáles son las impresoras que consiguen mayor velocidad de impresión?

a. De sublimación.
b. De inyección.
c. Láser.

12. ¿Cuáles son los dos tipos de compresión que ofrece un lector de cintas de *backup?*

13. Complete el siguiente texto:

"La potencia ____________ es el pico máximo de potencia que puede soportar un altavoz".

14. Complete el siguiente texto:

"La velocidad de transferencia en un lector de cintas de *backup* indica el número de ________________ que transfiere a la hora".

15. Complete el siguiente texto:

"Para conseguir una mayor definición, calidad y nitidez, los escáneres tienen un baremo que mide el número de puntos por pulgada que es capaz de alcanzar. Al valor máximo de esta característica se le llama ____________________".

Capítulo 2

Instalación y prueba de periféricos

Contenido

1. Introducción

En este capítulo se mostrará con detalle el procedimiento para el montaje de periféricos, desde el desembalaje del dispositivo, hasta su puesta en funcionamiento, pasando por la identificación de sus componentes y los pasos que se deben seguir para que no haya ningún problema a la hora de instalar los periféricos.

Se mostrará cómo desembalar correctamente todos los componentes del dispositivo que se vaya a utilizar, así como a analizar e identificar el cableado que se usará para la conexión del periférico al ordenador y a la corriente eléctrica. Se detallará el proceso práctico de montaje y su puesta en funcionamiento. También se explicará la instalación del *software* que estos aparatos utilizan para desarrollar su actividad.

Una vez realizados y comprendidos todos los pasos anteriormente citados se deben efectuar una serie de comprobaciones para verificar el correcto funcionamiento de los periféricos instalados. Para ello se seguirán unas determinadas instrucciones que asegurarán su correcto uso.

2. Procedimientos para el montaje de periféricos

Hay que tener en cuenta varios factores a la hora de instalar un periférico en el ordenador. Casi todos estos dispositivos siguen unas instrucciones de carácter general. Entre ellas se citan las siguientes:

1. Examinar y leer detenidamente la documentación del fabricante.
2. Proveer de alimentación eléctrica al dispositivo.
3. Analizar el cableado que incluye el dispositivo y disponerlo para su conexión.
4. Enumerar e identificar las conexiones del componente, siguiendo las instrucciones del fabricante para saber dónde conectar el cableado tanto eléctrico como el de conexión.
5. Durante todo el proceso se deberá atender a las condiciones ambientales óptimas del periférico para que funcione correctamente.

6. Tras esto se procede a la instalación del dispositivo siguiendo los pasos del manual que debe incluir el periférico, ya sea en formato físico (papel) o digital.
7. Por último se realizarán las pruebas necesarias para comprobar que todo el proceso ha sido exitoso y no hay ningún problema.

Recuerde

En el montaje de cualquier componente informático, lo primero que hay que hacer es leer el manual del fabricante.

3. Identificación de los requisitos de instalación

A la hora de instalar el dispositivo se necesitan varias herramientas que se deben tener listas para que todo vaya perfectamente. Es preciso que se tenga siempre a mano la documentación del fabricante, tener extendidos y preparados todos los cables, tener mucho cuidado en cumplir los requisitos ambientales que se especifican y realizar la instalación paso a paso como se indica en las instrucciones del dispositivo.

3.1. Documentación del fabricante

Al desembalar el periférico, lo primero con lo que el usuario se encuentra, es la documentación del fabricante, la cual detalla el contenido de la caja, los diversos componentes que trae y todo el material preciso para su instalación. Como mínimo deberá componerse de: el dispositivo periférico, la guía de referencia/manual de instalación, CD u otro dispositivo con los *drivers* del aparato, el cable de conexión, el cable de alimentación y otros elementos necesarios.

En la documentación se encuentran también las clases de sistemas operativos en los que se podrá usar el dispositivo, los tipos de botones y luces con sus respectivas funciones, las distintas soluciones que se pueden encontrar a los problemas que se presenten, así como las especificaciones técnicas del periférico.

Importante

Si alguno de los componentes que se listan en la documentación del fabricante faltase, sería conveniente ponerse en contacto con el proveedor para hacérselo saber y que reponga los elementos no incluidos.

Es muy recomendable hacer la comprobación de los componentes y la enumeración de los mismos en un lugar bien espacioso y con una buena fuente de luz, ya que como norma general se puede encontrar (en la mayoría de los casos) con que el dispositivo deberá ser instalado en lugares de difícil acceso.

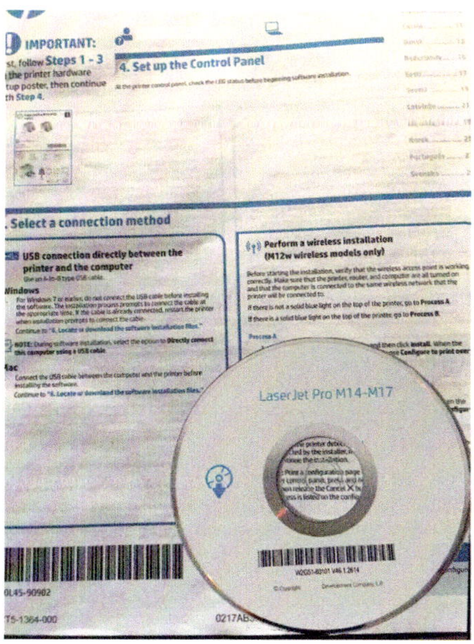

Manual del fabricante

3.2. Alimentación eléctrica

Según el tipo de periférico a instalar el usuario se podrá encontrar con diferentes formas de alimentación eléctrica. Por lo general, los dispositivos periféricos externos se alimentarán ellos mismos mediante un transformador de corriente, mientras que si se trata de periféricos internos, como unidades de DVD o discos duros, la alimentación será proporcionada por la fuente de alimentación del PC.

Conectores eléctricos externos

El cableado eléctrico de los periféricos externos suele ser de dos tipos:

- Dispositivos conectados a la toma de corriente mediante un cable directo entre el enchufe y el dispositivo. En este caso la fuente de alimentación está internamente incorporada en el periférico, tomando el voltaje necesario para su funcionamiento.

Cable directo

- También es posible encontrar otro tipo de alimentación eléctrica compuesta de dos partes, un cable que une al dispositivo con un transformador externo, y otro que nace del transformador y toma la corriente desde el enchufe. En este caso, como es obvio, el transformador de energía es externo.

Cable con transformador

Conectores eléctricos internos

En cuanto a los dispositivos internos, estos podrán utilizar diferentes tipos de cables de alimentación. Se detallan los siguientes:

- **Conector molex:** la fuente de alimentación debe suministrar varios de estos conectores. Es un conector de 4 pines conectados a un número igual de cables. Dos de estos cables son de color negro y sirven conexión a tierra, otro es amarillo y ofrece +12 V, y por último uno rojo de +5 V. **Nota:** estos cables son usados por un gran número de dispositivos para alimentarse, como discos duros y unidades de CD y DVD de tipo IDE o SCSI.

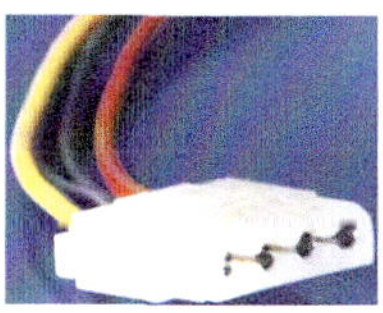

Conector molex

- **Conector berg (de disquetera):** es un conector con cuatro pines y con las mismas características que el *molex,* utilizando los mismos cables, y ofreciendo las mismas tensiones. Se diferencia en que su tamaño es más pequeño y se utiliza para alimentar la disquetera y las tarjetas gráficas AGP.

Conector de disquetera

- **Conector de alimentación SATA 15:** es un conector de alimentación usado por los dispositivos SATA y SAS *(Serial Attached SCSI)* con 15 pines. Este cable ofrece los mismos voltajes que el *molex* pero además añade un cable naranja para ofrecer una tensión adicional de 3,3 V que utilizan algunos dispositivos. Este conector permite realizar la conexión y desconexión en caliente de los dispositivos, cosa que no se puede hacer con los *molex.*

Conector SATA 15

3.3. Cableado

A parte del cableado eléctrico, también se debe tener en cuenta el tipo de cableado que se usará para la conexión de datos de los periféricos con el equipo. Este puede ser de varios tipos, dependiendo de si se está conectando un dispositivo interno o externo al PC.

Cableado de periféricos

Cuando se conecta un periférico al ordenador se pueden utilizar distintos tipos de cables dependiendo del tipo de dispositivo a conectar. A continuación se describen los más usuales.

Paralelo

El cable paralelo se emplea desde los primeros ordenadores para conectar los periféricos al ordenador. Hoy en día apenas se usa aunque algunas impresoras actuales aún pueden ser conectadas mediante el puerto paralelo. Permitían una velocidad de transferencia de 2,4 MB/s.

Cable paralelo para conexión de impresora

Nota

El cable paralelo utiliza un conector DB25 macho de 25 pines y, en el caso de las impresoras un conector Centronics.

Serie

Estos cables fueron los primeros en utilizarse para comunicaciones y conexión de periféricos en informática. Aunque ahora está en desuso, antiguamente se utilizaban para conectar, por ejemplo, módems externos. Este tipo de cable tiene una velocidad de transferencia de 19,2 KB/s como máximo.

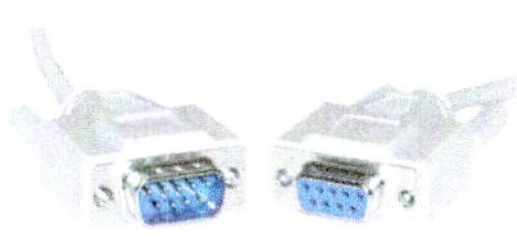

Conector serie DB-9

Al principio utilizaban un conector de 25 contactos llamado RS-232 y después se generalizó el uso del conector DB-9 de 9 contactos.

USB (Universal Serial Bus)

El bus USB o *Universal Serial Bus* nació para la interconexión estándar de periféricos del PC. Se creó con la idea de que fuese universal y que lo utilizaran una gran parte de los periféricos.

El bus USB incluye una línea de alimentación eléctrica de 5 V, por lo que los dispositivos pequeños con pocos requerimientos de alimentación pueden ser alimentados por el cable USB sin necesidad de utilizar alimentación externa.

Conectores USB "Tipo A" y USB "Tipo B"

El bus USB cumple el estándar *Plug and Play,* de modo que cuando se conecta un periférico, el sistema operativo se configura automáticamente para utilizarlo y prepara el *software* que se precise para hacer funcionar el dispositivo.

La versión más utilizada, USB 2.0, ofrece un ancho de banda de 60 MB/s con un bitrate (tasa de transferencia de bits) de 480 MB/s, lo que permite conectar periféricos que necesiten un gran ancho de banda, como videocámaras, por ejemplo.

La especificación USB tiene varios tipos de conectores con diferentes formas y tamaños. El más utilizado en los ordenadores es el "Tipo A".

Sabía que...

Actualmente se ha implantado la especificación USB 3.0, que ofrece mayores velocidades de transferencia. La especificación 3.0 tiene una velocidad de 640 MB/s (megabytes por segundo) frente a los 480 MB/s de la especificación 2.0.

Firewire (IEEE 1394)

El bus *firewire* (cable de fuego) es la especificación del estándar **IEEE-1394.** El cable *firewire* se utiliza para la conexión de periféricos que necesitan una velocidad de transferencia de datos superior a la especificación del bus USB.

El cable *firewire* tiene una tasa de transferencia de 400 MB/s, lo que supone un ancho de banda de 50 MB/s, siendo este muy superior a las primeras versiones USB. La última versión, denominada *firewire* 3200, tiene una tasa de transferencia de 3,2 GB/s. El bus *firewire* se usa para la conexión de videocámaras y transferencia de vídeo digital.

Existen conectores *firewire* de 4 contactos que no ofrecen alimentación eléctrica, y *firewire* alimentado que utiliza 6 contactos.

Conectores firewire de 4 pines (derecha) y de 6 pines (izquierda)

Cables PS2

El conector del cable PS2 es de forma circular con patillas de conexión en el interior. Estos cables sirven únicamente para conectar el teclado y el ratón, pudiendo aparecer dos de estos puertos, y en algunos ordenadores modernos uno solo, o incluso ninguno. Los conectores son de un color distinto para evitar errores, siendo verde para el ratón y violeta para el teclado.

Conectores PS2

Cables de audio

Se pueden encontrar distintos tipos de cables de audio dependiendo de si el ordenador tiene entradas y salidas de audio analógico o digital. Los cables más comunes son los analógicos con conectores de audio estándar tipo *jack*. En este caso existen varios puertos de audio, variando desde tres hasta seis conectores (si el controlador de sonido cumple los estándares de *surround* 5.1, 6.1 o 7.1.).

Conector jack de audio

También pueden encontrarse cables de audio analógico que utilicen conectores RCA. En este caso se tratará de dos cables (ya sea de entrada o de salida de audio), cada uno de ellos para un canal estéreo.

Conectores RCA estéreo

Importante

En los conectores RCA, el correspondiente al canal izquierdo es de color blanco, siendo el rojo el asignado al canal derecho.

En el caso de que el equipo tenga salidas e incluso entradas de audio digital se podrán conectar algunos periféricos de sonido mediante cables de audio digital SPDIF. Los cables de audio digital pueden ser coaxiales de cobre, utilizando conectores RCA, o bien de fibra óptica, en cuyo caso utilizarán conectores *toslink*.

Cable SPDIF coaxial con conector RCA

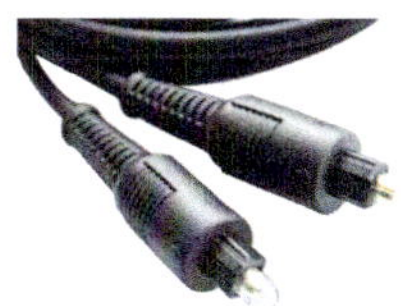

Cable SPDIF de fibra óptica con conector toslink

Cables de vídeo

Los cables de vídeo permitirán conectar al ordenador distintos dispositivos o periféricos, principalmente el monitor, pero también servirán para conectarlo a otro tipo de aparatos como receptores de televisión, grabadores de vídeo, decodificadores, etc. Para ello existen varias clases de cables y conectores específicos, algunos de los cuales incluyen también la señal de audio.

VGA

Este cable se utiliza para conectar el monitor al PC. El conector puede estar en los conectores de la placa base o en una tarjeta gráfica AGP o PCI-*express*. Se trata de un cable de 15 hilos con un conector

D-SUB 15 macho de 15 pines que permite transmitir la señal de audio analógica.

Conector VGA

DVI

Este es otro tipo de conector de vídeo utilizado anteriormente al HDMI que se incluía en las tarjetas gráficas. Este tipo de conector era el usado por los monitores TFT, que transmitían la señal de vídeo mediante una señal digital. Este tipo de cables, tienen la posibilidad de transmitir la señal analógica y convertirla en digital mediante conversores VGA a DVI y viceversa. Se pueden encontrar tres tipos diferentes de conectores DVI dependiendo de la señal que puedan transmitir:

- **DVI-D:** transmiten señal solo digital.
- **DVI-A:** transmiten señal solo analógica.
- **DVI-I:** transmite señal analógica y digital. Las 24 patillas de la derecha del conector transmiten la señal de vídeo digital, y las 4 patillas de la izquierda (2 arriba y 2 debajo del pin alargado) junto con la patilla alargada transmiten la señal de vídeo analógica.

Conectores DVI

HDMI (interfaz multimedia de alta definición)

El cable HDMI es capaz de transmitir la señal de vídeo digital en alta definición, e incluso puede transportar conjuntamente las señales de audio y vídeo. En los ordenadores y tarjetas gráficas actuales se ha implantado el uso de puertos de este tipo para la conexión con equipos audiovisuales domésticos y con monitores, siendo este conector uno de los que se incluyen por defecto en la mayoría de los equipos y tarjetas de vídeo.

Su conector posee 19 pines, y es capaz de soportar una tasa de transferencia de 4,9 GB/s (gigabytes por segundo).

Conectores HDMI

Cable ethernet

Los ordenadores actuales integran en los propios equipos la controladora de red local *ethernet* en la placa base, necesaria para conectarse a una red cableada.

El cable *ethernet* es un cable de cuatro pares trenzados en el que cada par se identifica por un color (naranja, verde, azul, marrón) al que le acompaña otro de color blanco. Este tipo de cable, dependiendo de la categoría de este, permite velocidades de transmisión comprendidas entre los 100 y 40.000 MB/s.

Conectores RJ45

Recuerde

El conector RJ45 macho es el que se utiliza en los cables de red *ethernet* y el que permitirá conectar el ordenador a una red de este tipo.

Cableado de dispositivos internos

Los diferentes tipos de cables de datos que se encuentran para conectar dispositivos internos son:

- **Cables IDE:** conectan los discos duros o unidades de CD y DVD IDE al ordenador. El bus IDE es un bus paralelo, y estos cables son llamados también fajas, al tratarse de un conjunto de cables unidos en una faja. Este interfaz tiene un ancho de banda de 166 MB/s. Los conectores tienen forma rectangular y cuentan con 40 pines distribuidos en dos filas de 20 pines.

Faja IDE para conectar hasta dos dispositivos

- **Cable *floppy*:** el cable *floppy* es un cable IDE, pero tiene un menor número de líneas de datos por lo que la faja y el conector son de menor tamaño que el IDE.

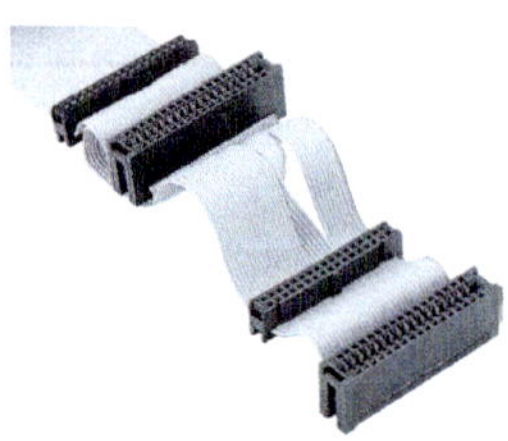

Cable y conector floppy

- **Cables SCSI:** estos cables conectan los dispositivos SCSI a su tarjeta controladora, ya que los dispositivos SCSI necesitan la instalación de una tarjeta controladora dedicada. Al igual que los IDE, estos cables son fajas al ser SCSI un bus paralelo. Dependiendo de la versión, tienen un ancho de banda que oscila entre los 20 y los 160 MB/s. Hay gran variedad de conectores SCSI, dependiendo del número de patillas y la forma según la versión SCSI.

Cable y conector SCSI

- **Cables SATA:** conectan los dispositivos SATA a la placa base. El bus SATA es serie, por lo que el número de cables y pines en el conector es menor. Si son utilizados con dispositivos SATA pueden alcanzar un ancho de banda de 600 MB/s (en la versión SATA III). Estos cables utilizan el conector SATA 7 de 7 pines.

Cables y conectores SATA

- **Cables SAS:** estos cables son utilizados para conectar los modernos dispositivos SAS (SCSI serie) a sus controladoras. Si son usados por una controladora SAS puede llegar a una velocidad de transferencia de 6 GB/s. Estos cables son compatibles con los SATA, ya que pueden utilizan el conector SATA 7 para conectarse a la controladora. Existen dos tipos de cables internos SAS, el SF 8482 y el SF 8484.

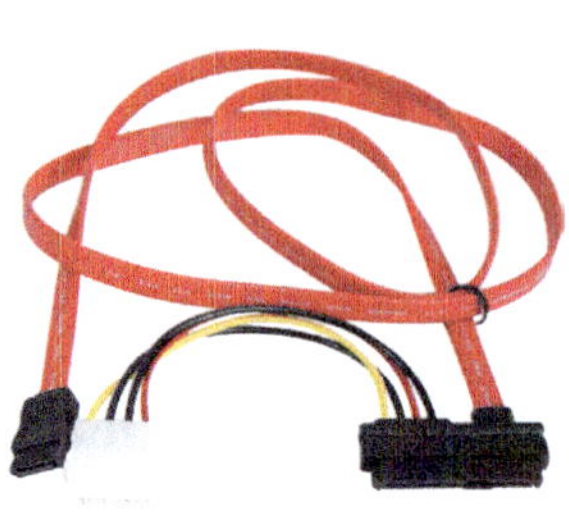

Cables y conectores SAS SF 8482

Cables y conectores SAS SF 8484

3.4. Conexiones físicas

Las conexiones físicas del ordenador deben ser examinadas y comprobadas antes de instalar cualquier periférico. Hay que conocer los distintos puertos y conexiones que provee el ordenador al que se quiere conectar el periférico para así poder decidir el tipo de interfaz con el que conectar el dispositivo.

Importante

En el caso de que el dispositivo a instalar sea interno se debe prestar especial atención al tipo de conector de alimentación que posee para asegurarse de que el ordenador tiene tomas de corriente adecuadas para alimentarlo.

En la parte trasera del PC se encuentran las conexiones necesarias para dotarlo de alimentación eléctrica y para conectar los distintos dispositivos periféricos. Se pueden encontrar estas conexiones en la zona de entrada y salida de la placa base, o bien en las placas de expansión. Estos conectores para conexión de periféricos se llaman puertos.

Los puertos más usuales en un ordenador son:

Tipo de puerto	Dispositivo	Imagen
PS2	Para ratón y para el teclado. Para diferenciarlos, el conector del teclado es de color morado y el del ratón es de color verde.	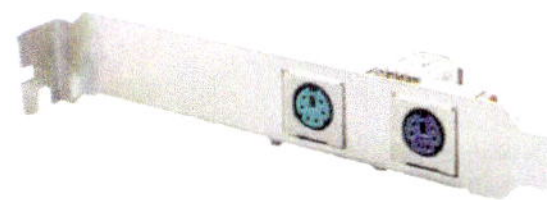
Serie	Para faxes y módems más antiguos.	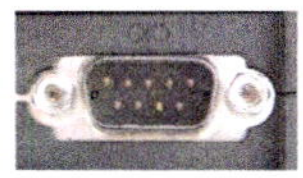
Paralelo	Para impresoras.	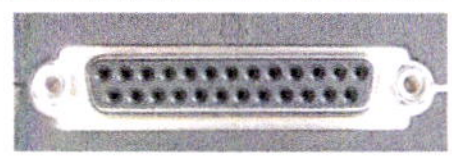
USB	Para la mayoría de las conexiones actuales como memorias USB, impresoras, cámaras web, escáneres, etc.	
Red	Sirven para conectarse a una red local.	
VGA	Para la conexión al monitor.	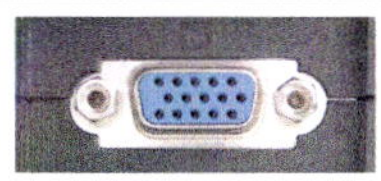
Jack de audio	Conexiones de entrada y salida de audio.	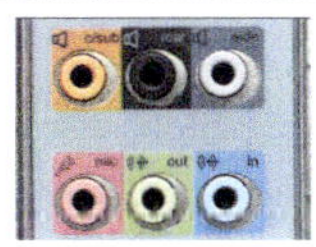
HDMI	Conexiones con transmisión de audio y vídeo digital.	
Firewire	Para cámaras digitales.	
Conector de fuente	Dónde se conecta la fuente de alimentación.	
DisplayPort	Interconexión para la transmisión de vídeo entre un equipo y el monitor.	
Thunderbolt	Conexión para pantallas, monitores, dispositivos de almacenamiento. Tiene una tensión de alimentación de 15 V.	

Conexiones del ordenador

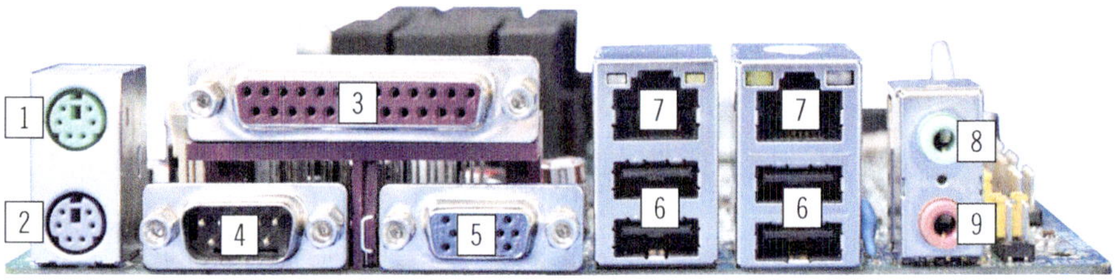

1. PS/2 para ratón
2. PS/2 para teclado
3. Puerto paralelo
4. Puerto de serie
5. Puerto VGA
6. Puertos USB
7. Puerto Rj-45
8. *Jack* salida de audio
9. *Jack* de micrófono

3.5. Condiciones ambientales

Siempre hay que ceñirse a las instrucciones del fabricante en cuanto a las condiciones ambientales a las que debe instalarse y utilizarse un periférico.

En el caso de los periféricos externos, deben situarse en lugares estables y no expuestos ni a las inclemencias del tiempo ni a la luz directa del sol. Se deben cumplir las especificaciones de tensión que indique el fabricante para la alimentación eléctrica, y utilizar siempre los transformadores originales si son externos y el tipo de conectores adecuados además de respetar la polaridad de las conexiones.

Consejo

Se recomienda evitar los sitios húmedos que puedan dar lugar a la oxidación de alguna parte o elemento que conforman el dispositivo, o temperaturas demasiado elevadas o demasiado bajas.

El cableado debe estar libre de obstáculos y se deben evitar los dobleces o rizos en este ya que puede dar lugar a una mala conexión o cortocircuito.

También es aconsejable utilizar algún equipo de protección contra sobretensiones y picos de tensión o cortes bruscos de corriente eléctrica, para evitar daños en el equipo, puesto que un corte de corriente inesperado puede dañar los discos del sistema y, en consecuencia, dañar el sistema operativo de manera que el equipo quede inutilizable ante la imposibilidad de arrancar. Las sobretensiones y fluctuaciones de la alimentación pueden dañar las fuentes de alimentación del ordenador, los periféricos conectados a este o algún componente vital del equipo.

Para evitar estos riesgos eléctricos se puede utilizar una regleta de protección que los daños por picos de tensión en los periféricos y en el propio equipo, pese a que el ordenador cuente con un fusible que se fundirá al recibir una sobretensión.

Regleta protectora

Lo más adecuado para evitar estos riesgos es utilizar un SAI (Sistema de Alimentación Ininterrumpida) que provee de protección eléctrica a los dispositivos conectados a él, además de contar con baterías que permiten que el equipo y los periféricos sigan funcionando durante un tiempo cuando se produzca un corte de suministro eléctrico. El SAI también es conocido por sus siglas en ingles UPS *(Uninterrupted Power System).*

Un SAI viene determinado por los voltiamperios que ofrece (VA). Para calcular la potencia necesaria de un SAI según los requerimientos del equipo se deben sumar los vatios de consumo del PC y de los periféricos a conectar. Una vez que se sepan los requerimientos se debe realizar el siguiente cálculo:

$$VA = W / 0.6$$

Voltiamperios del SAI = Vatios de consumo del equipo / 0.6

SAI

4. Instalación y configuración de periféricos: impresoras

En este apartado se detallan todos los pasos a seguir para tener lista una impresora en el equipo, desde el desembalaje hasta la impresión de la página de prueba.

4.1. Instalación de impresoras

En cuanto al cableado para la conexión de la impresora se recomienda el USB por su fácil montaje, ya que el sistema operativo lo reconoce automáticamente, pero si no se dispone de este tipo de entrada se deberán valorar otras opciones.

Con respecto a la conexión eléctrica hay que asegurarse de que se está empleando el voltaje recomendado por el fabricante, de lo contrario se podrían provocar daños irreparables en la impresora quedando inutilizada la garantía del producto.

Importante

Se debe tener especial cuidado en el voltaje usado, el tipo de conexión del que se dispone, en la localización de la impresora (ubicarla en un lugar donde el cableado no se agolpe o no se realicen nudos), y retirar cualquier tipo de protector que la impresora traiga de fábrica que pueda bloquear el proceso de instalación.

Se recomienda instalar la impresora en una superficie lisa, nivelada y plana. La inestabilidad de la impresora podría provocar que la impresión fuera de mala calidad e incluso podría deteriorarse debido a la cantidad de partes móviles que posee. El lugar donde se instale debe ser firme, pues cuando la cinta de impresión (como es el caso de las impresoras de inyección) comience a moverse podría provocar el deterioro del periférico en sí.

Conector USB de impresora

Para la instalación de una impresora se deben seguir los siguientes pasos:

1. Tras colocar la impresora en una superficie lisa y nivelada, se realiza la conexión del equipo con el ordenador. Lo último que debe conectarse es el cable de alimentación de corriente eléctrica.

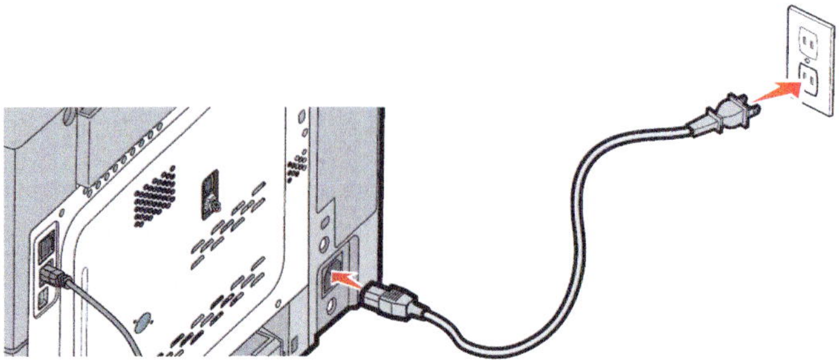

Cable de corriente

2. Se colocan los cartuchos de tinta o el tóner en su zócalo correspondiente, siguiendo las instrucciones del manual. Antes, deben retirarse los protectores de los inyectores de los cartuchos o la cinta protectora en el caso del cartucho de tóner.
   Si se olvida hacer esto se podría provocar un fallo grave al iniciar la impresión.

Cartuchos de tinta

3. Por último se deben encender, por orden, el ordenador, la impresora y cargar el papel. El ordenador, si no hay ningún inconveniente, reconocerá la impresora conectada y comenzará el proceso de instalación del periférico.

Nota

Debe tener cuidado al manipular el tóner, ya que puede mancharse muy fácilmente.

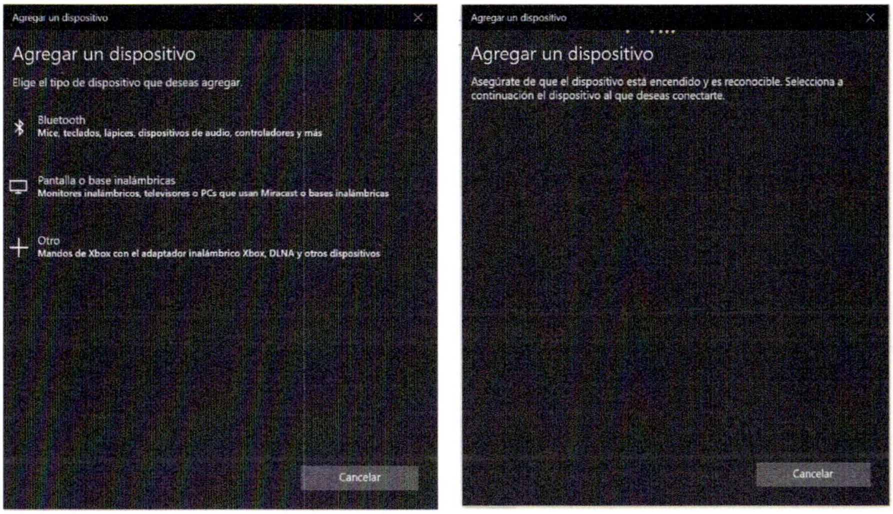

Pantallas de agregar un dispositivo en Windows

Durante el proceso de instalación se solicitará la introducción del disco que contiene los *drivers* facilitados por el fabricante. Todas las impresoras suelen incluir el disco con los *drivers* o indicar una dirección de internet desde la que se pueden descargar.

Ejemplo de drivers de impresora

4.2. Configuración de impresoras

La mayoría de las impresoras actuales utilizan la tecnología *Plug and Play*, pero hay ocasiones en las que el sistema operativo o no las detecta, o bien se deben realizar configuraciones específicas para que la impresora sea accesible a todos los equipos que se encuentran en la red de trabajo.

Instalación en *Windows*

Si el ordenador no reconoce el dispositivo se podrá realizar la instalación de forma manual, para ello se siguen los siguientes pasos:

1. Se debe acceder al **Panel de control → Dispositivos e impresoras.**

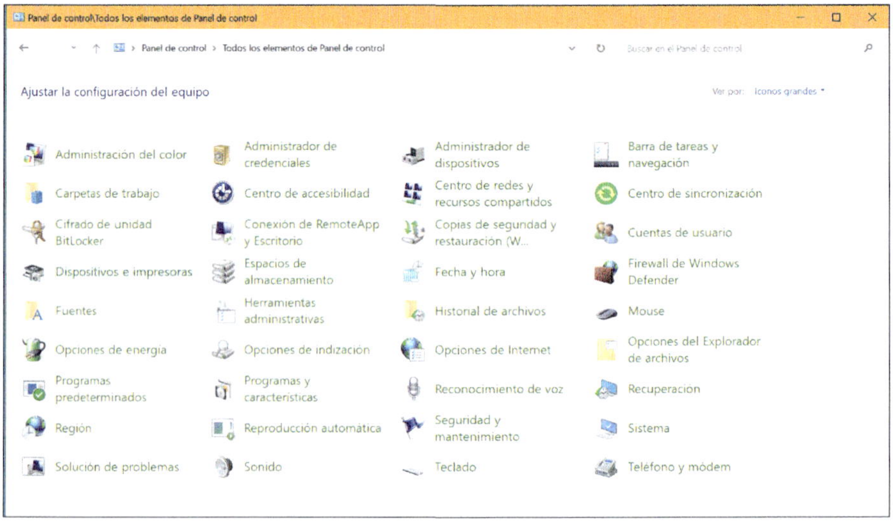

Panel de control

2. Una vez se accede a la opción **Dispositivos e impresoras,** se seleccionará la opción **Agregar una impresora** del menú que se muestra en la parte superior de la ventana.

Si la instalación no se realiza automáticamente, se podrá realizar de forma manual desde el panel de control, agregando nuevo dispositivo de *hardware.* La ruta para agregar un nuevo dispositivo de *hardware* es **Panel de control→Administrador de dispositivos.** El ordenador comenzará un escaneo de todos los puertos del equipo para detectar aquellos dispositivos que aún no hayan sido instalados. Tras detectar el dispositivo, solo se necesitará seguir los pasos de instalación que indique el asistente. Al final del proceso se recomienda la impresión de una página de prueba.

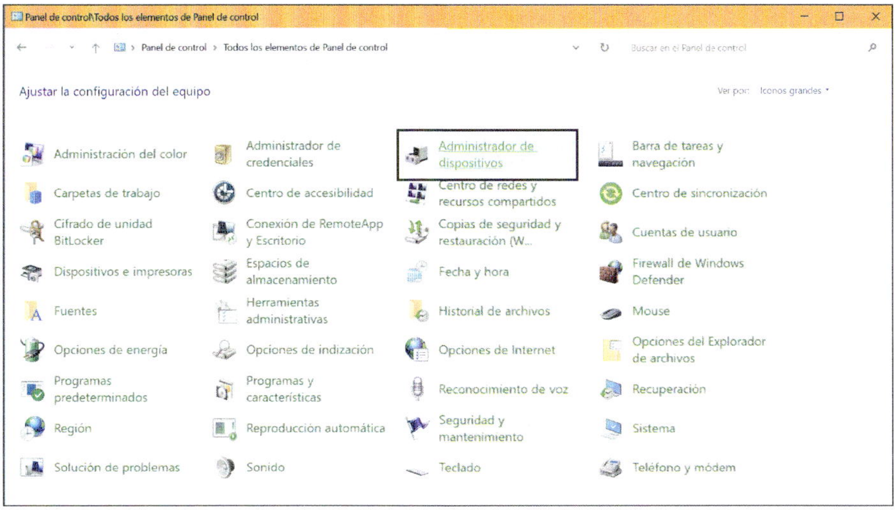

Administrador de dispositivos

Importante

Este último paso es altamente recomendable, pues así se sabrá si la calibración y la definición son correctas.

Configuración en red

Este tipo de instalación se realiza cuando se tienen varios ordenadores trabajando y una única impresora para todos ellos. Lo que se pretende es que se puedan imprimir archivos y documentos de forma simultánea.

Para realizar tal tarea se debe configurar la impresora para que trabaje en red.

El primer paso es conectar la impresora a un ordenador de la red e instalarla siguiendo los pasos anteriores. A continuación se deben dar las instrucciones al dispositivo para que sea accesible desde los demás ordenadores de la red.

Una vez finalizado el proceso correspondiente a compartir el dispositivo, se modificará el icono de la impresora.

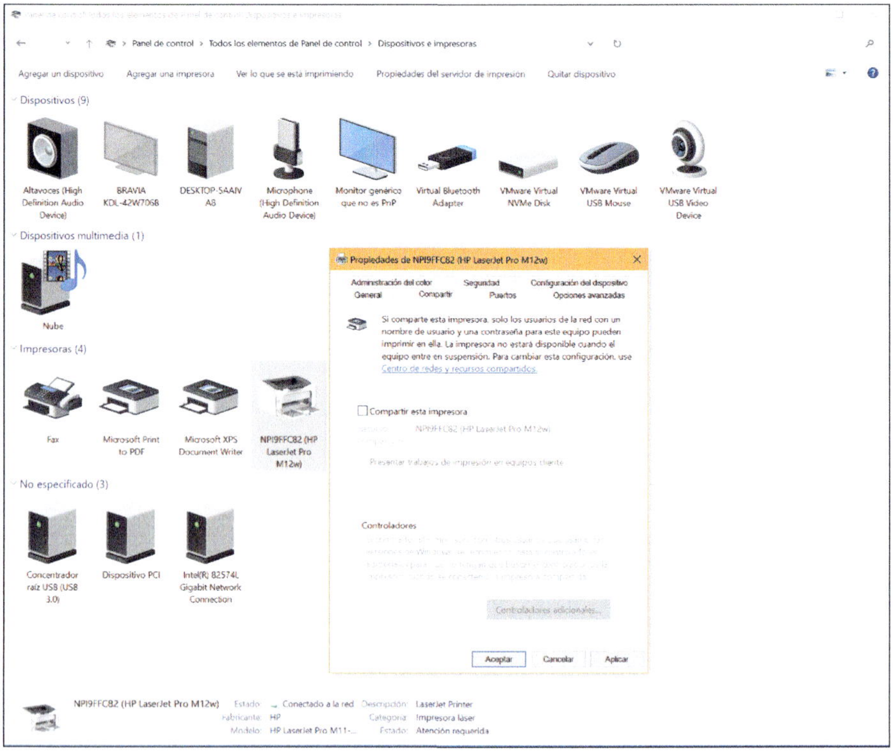

Opciones para compartir la impresora en la red

Nota

Cuando se comparte una impresora, en el icono se añade la imagen de dos usuarios para indicar que el dispositivo se encuentra compartido con otros equipos que integran la red.

Dentro del apartado **Dispositivos e impresoras,** se pincha sobre la opción del menú que indica **Agregar una impresora.** El equipo buscará impresoras disponibles tanto conectadas directamente o aquellas que se encuentren en la misma red que el.

Después de realizar una búsqueda de nuevos dispositivos, muestra una ventana con los que han sido encontrados, debiendo seleccionar la impresora que quiere utilizarse. En la misma ventana se encuentra la posibilidad de seleccionar la impresora manualmente mediante el enlace "La impresora que quiero no está en la lista".

El siguiente paso, tras pinchar en la opción "la impresora que quiero no esta en la lista" será seleccionar de entre las opciones que ofrece el sistema, elegir cualquiera de las opciones indicadas.

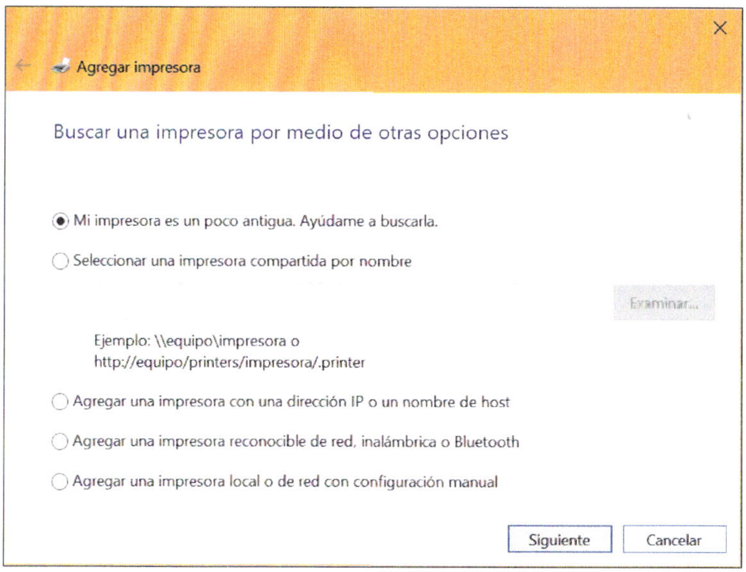

Opciones de selección de impresora en red

Después de seleccionar la opción de conexión de la impresora remota, se debe seleccionar la impresora que se desea instalar en red. Automáticamente el sistema descargará e instalará los *drivers* correspondientes a la impresora seleccionada.

La última ventana pregunta si se quiere imprimir una página de prueba. Es conveniente imprimirla para comprobar que la impresora funciona correctamente. Una vez impresa la página de prueba se hace clic en **Finalizar.**

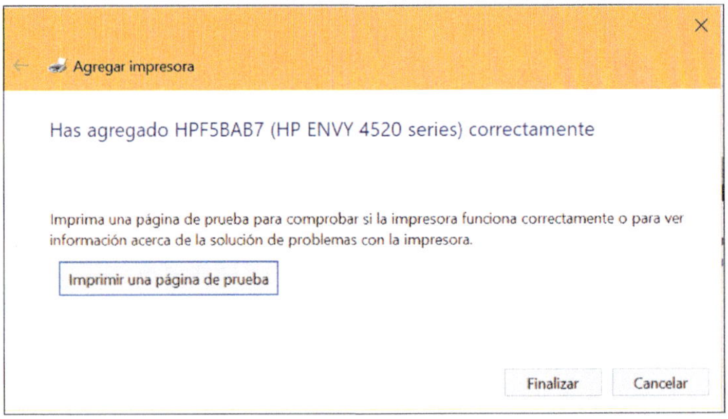

Imprimir página de prueba

Consejo

Es recomendable imprimir una página de prueba desde cada uno de los equipos que conforman la red para verificar su correcto conexionado y funcionamiento.

Instalación en *Ubuntu*

En *Ubuntu,* el proceso de instalación de las impresoras es muy similar al de *Windows.*

Para comenzar la instalación de una nueva impresora, se debe acceder a la configuración del sistema dentro de las aplicaciones y en su interior, seleccionar la opción **Impresora** que se encuentra en el menú lateral izquierdo.

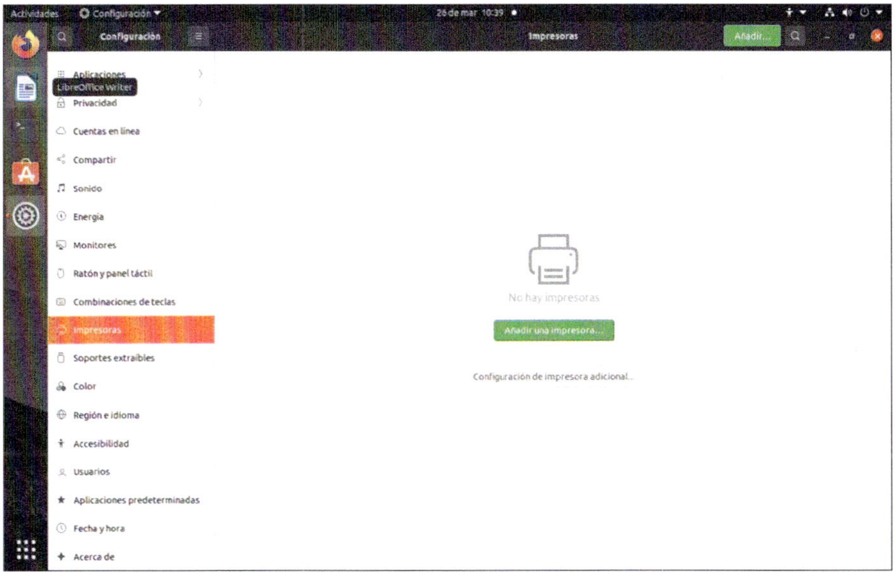

Opción impresoras dentro del menó de configuración del sistema

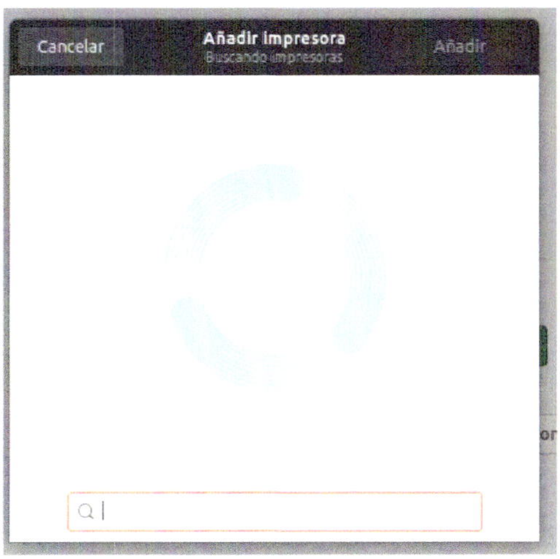

Búsqueda de impresora conectada al equipo

Si la impresora no es detectada por el asistente mostrado, mediante la opción **Configuración de impresora adicional** se tendrá acceso a un menú desde el que se podrá instalar la impresora no reconocida automáticamente por el sistema.

Después de comprobar que la impresora está encendida y conectada al equipo correctamente, se debe hacer doble clic en el botón **Añadir una impresora.** Una vez pulsado, se abrirá el asistente de búsqueda de las impresoras conectadas al equipo.

De la lista de impresoras mostradas, se deberá seleccionar aquella que se desee instalar, para que el instalador automáticamente añada los *drivers* necesarios al sistema operativo para su correcto funcionamiento.

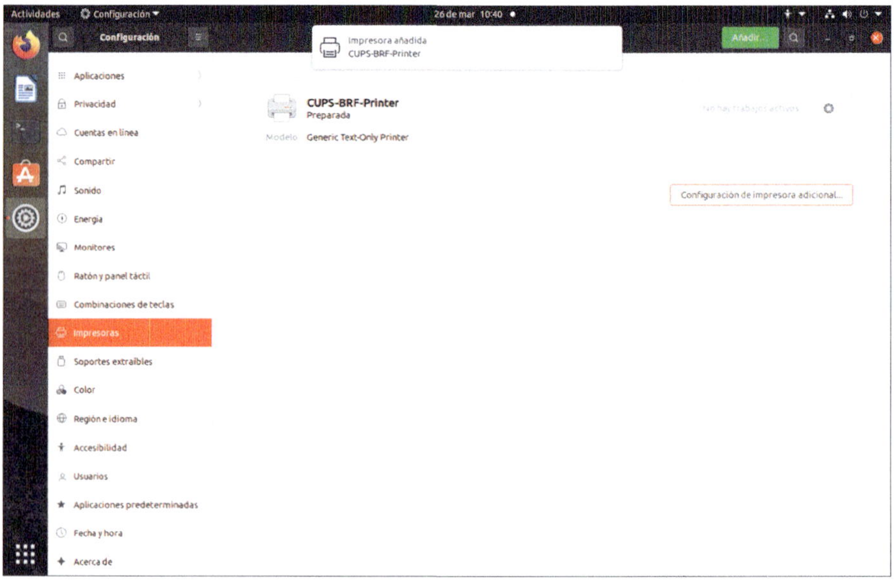

Ventana con impresora instalada correctamente

Una vez instalada la impresora, mediante las opciones de configuración de esta, se pueden modificar los **Detalles de la impresora** pulsando sobre la rueda dentada sita en el lado derecho de la misma.

Los parámetros que se pueden modificar son el nombre y la ubicación del equipo además de buscar controladores. Dentro de la configuración de la impresora también se encuentran las opciones de impresión, desde donde se permite el envío de una página de prueba a la impresora para comprobar su correcto funcionamiento.

En *Ubuntu* la mayoría de las impresoras existentes en el mercado son compatibles. Si se accede a la dirección <https://openprinting.org> se puede comprobar si una impresora es compatible con el sistema operativo *Ubuntu.*

Instalación en *MacOS*

MacOS es otro sistema operativo además de *Windows* y *Ubuntu.* El proceso de configuración de una impresora en el sistema operativo *macOS* es el siguiente:

Se selecciona el menú **Apple → Preferencias del Sistema → Impresoras y Escáneres.** Se pulsa sobre el icono + situado en la parte inferior izquierda de la ventana correspondiente a los dispositivos.

Impresoras y escáneres

Tras esto, se abre una ventana que permite seleccionar la impresora que se desea configurar. La incorporación de impresoras al sistema operativo puede realizarse mediante las opciones, impresora por omisión, mediante dirección IP, o Grupo de trabajo de *Windows.* Después de haberla seleccionado se pulsa el botón **Añadir.**

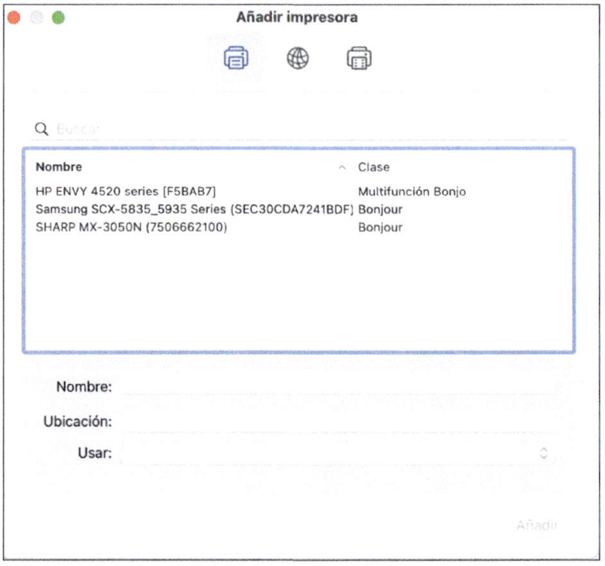

Añadir impresora

En caso de que fuera necesario algún *driver* que no se encuentre instalado, el propio sistema operativo se conectará a los servidores en los que puede encontrarlos, y tras su descarga e instalación, la impresora podrá utilizarse con normalidad.

En el supuesto que se desee compartir la impresora en la red, será suficiente con seleccionarla en la ventana lateral izquierda y marcar la casilla correspondiente a "Compartir esta impresora en la red".

Instalación de drivers

Una opción que incorporan las impresoras que se comercializan actualmente es el modo de ahorro de energía, que permite el apagado automático de esta una vez transcurrido el tiempo indicado en su configuración.

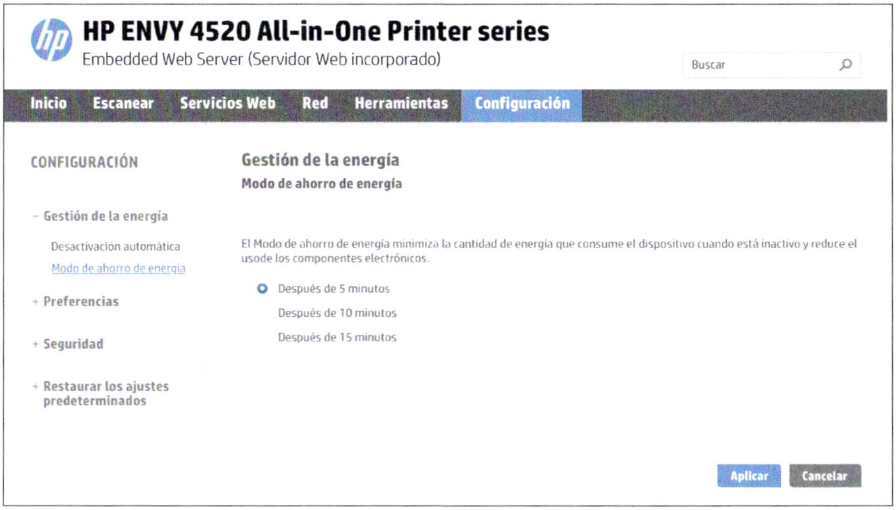

Opciones de ahorro de energía

Aplicación práctica

Paco tiene un problema con su ordenador porque ha adquirido una impresora nueva pero sus conexiones no coinciden con las de su ordenador. ¿Qué recomendaciones le haría a Paco la próxima vez que decida elegir un periférico?

SOLUCIÓN

Las conexiones físicas del ordenador deben ser examinadas y comprobadas. En función de las que se dispongan se deberá usar una impresora u otra. Se sabe que la conexión más rápida y eficiente es la USB por su fácil conexión, puesto que el sistema operativo la reconoce automáticamente, pero si no se dispone de este tipo de entrada se deberán valorar otras opciones.

Con respecto a la conexión eléctrica, hay que asegurarse de que se está empleando el voltaje recomendado por el fabricante, de lo contrario se podrían provocar daños irrepara-

Continúa en página siguiente >>

<< Viene de página anterior

bles en la impresora quedando inutilizada la garantía del producto. Por eso se debe tener especial cuidado en el voltaje usado, el tipo de conexión del que se dispone y comprobar las conexiones del ordenador.

Nota

La instalación física de un escáner es parecida a la correspondiente a una impresora; necesita conexión eléctrica y al equipo desde el que se va a gestionar.

5. Instalación y configuración de periféricos: escáner

El escáner es un dispositivo que guarda muchas similitudes con la impresora a la hora de su instalación, pero que difiere en su configuración.

Nota

La parte más parecida es la de instalación física pues se basa en las mismas dos conexiones: la de corriente y de conexión al ordenador.

5.1. Instalación de un escáner

Como en todos los casos de instalación de periféricos hay que cerciorarse de que se tienen todos los elementos necesarios para instalar el dispositivo (*drivers,* las guías de instalación, etc.).

A pesar de su parecido con la impresora, el escáner es un dispositivo que tiene mayor consumo energético. Este periférico utiliza un haz de luz bastante grande que realiza un barrido por la imagen para digitalizarla. Por lo tanto, se debe cuidar el voltaje en su instalación, ya que un error en este aspecto podría dañar el escáner de manera irreversible.

Cable paralelo de escáner/impresora

Con respecto al cableado de conexión hay que decir que comparte muchas similitudes con el de las impresoras, puede ser de puerto serie, paralelo o USB, este último, el más general, es el que con más frecuencia se encontrará en este tipo de dispositivo.

La conexión USB se realiza de manera directa entre el ordenador y el escáner, y se debe procurar que el cable no esté enrollado o pinzado para evitar fallos en el escaneado.

5.2. Configuración de un escáner

En la configuración de un escáner, lo primero que se debe hacer es comprobar que está todo a mano y preparado para la instalación.

Escáner

Después de haber hecho las conexiones pertinentes, es necesario verificar que el escáner está en una superficie estable y tras esta comprobación se procederá a su encendido.

Instalación en *Windows*

El sistema operativo debería reconocer al instante el nuevo dispositivo. Es normal que durante el encendido las luces e indicativos *leds* parpadeen, así como que el haz de luz acometa algún barrido.

Haz del escáner

Tras esta acción comenzará el programa de instalación de manera normal. Es posible, que al igual que sucedió con la impresora, pida el CD con los *drivers* del escáner.

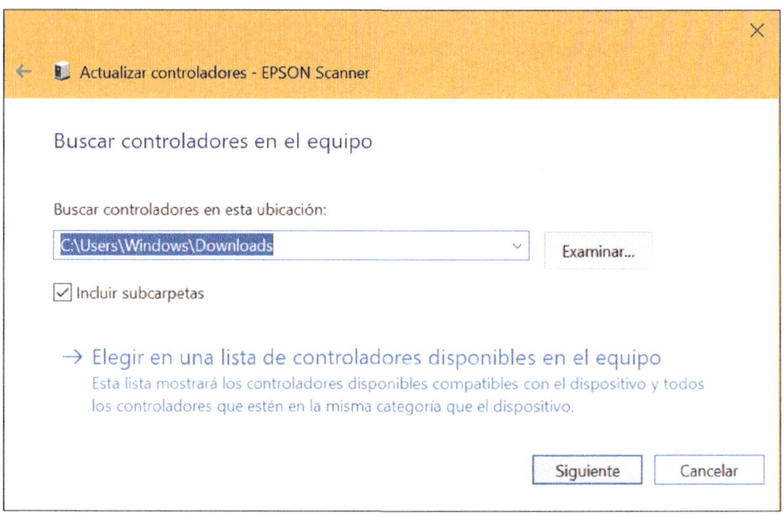

Instalación de drivers ubicados en el equipo

Como norma general, el disco también vendrá equipado con alguna utilidad de escaneo. Es conveniente la instalación de este tipo de programas pues permitirá exprimir al máximo todas las posibilidades del dispositivo.

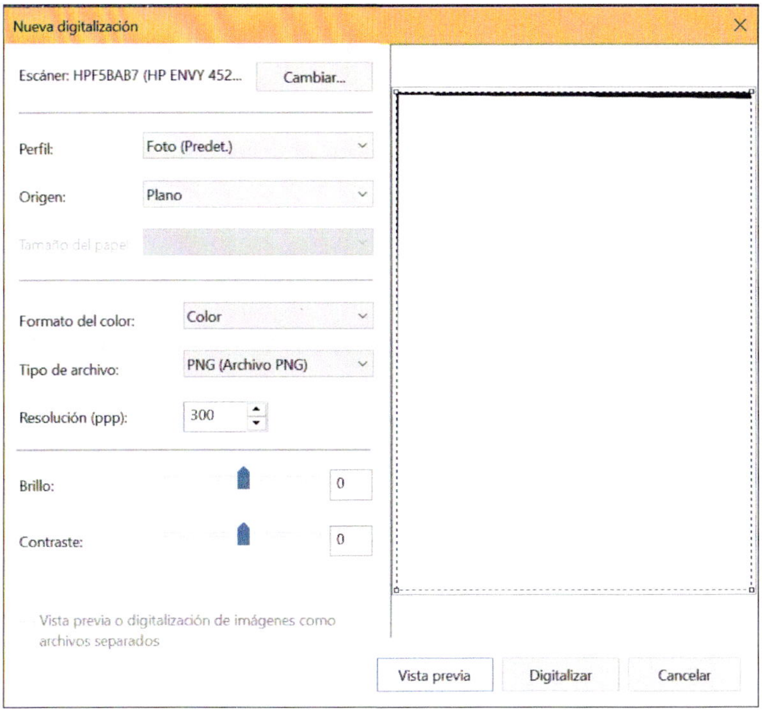

Ventana de escaneado de documento

Nota

A pesar de ser recomendable no es siempre necesario, pues todos los sistemas operativos están provistos de un *software* base de escaneo de documentos.

La instalación de este equipo es simple si el ordenador reconoce el dispositivo. En caso de que no lo reconozca se debe **Agregar nuevo hardware** desde

Configuración → Dispositivos → Agregar Bluetooth u otro dispositivo. Una vez seleccionado el tipo de dispositivo, el sistema operativo realiza un barrido de los periféricos que se encuentran conectados al equipo para reconocer el nuevo dispositivo conectado. Una vez reconocido se deberán seguir los pasos indicados en el asistente de instalación del dispositivo nuevo.

Nada más terminar de instalar el escáner se deberán configurar algunos parámetros como la resolución, el enfoque, profundidad del color, nitidez, contraste, brillo, etc. También se deberá realizar un primer escaneo como prueba de que todo funciona correctamente.

Instalación en *Ubuntu*

No todos los escáneres son compatibles con este sistema operativo, pero en internet se pueden encontrar muchas páginas especializadas en listados de marcas y modelos de escáneres compatibles, la página principal de referencia es: <http://www.sane-project.org/sane-mfgs.html>.

Para la configuración de los parámetros se recurrirá a lo que se ha denominado proyecto SANE *(Scanner Access Now Easy).* SANE es una interfaz de programación de aplicaciones que proporciona acceso a cualquier dispositivo de escaneo (escáner de sobremesa, escáner de mano, cámaras y videocámaras, etc.). El código de SANE es de dominio público y su desarrollo está abierto a todo el mundo.

1. El primer paso es verificar en la lista indicada anteriormente si el escáner es compatible con el proyecto SANE.
2. Se puede ver que hay un código de colores que indica qué nivel de soporte tiene el dispositivo en la página de listados. *Complete, Good o Basic* (en tonos verdes) son un buen indicativo, cualquier otro no es buena señal y puede crear problemas en la instalación.
3. Después habrá que descargar el firmware de acuerdo con el escáner en la siguiente página: <http://www.sane-project.org/sane-backends.html#> S-GT68XX. La gran mayoría acaban con la extensión .usb (solo unos pocos tienen otras extensiones).
4. Una vez descargado el fichero se pasará a trabajar únicamente en la ventana de comandos. En primer lugar se crea un nuevo directorio si este no está ya creado.

Por ejemplo, *mkdir /usr/share/sane/gt68xx/.*

5. Posteriormente se moverá el fichero descargado al directorio recién creado.

   Por ejemplo, **cp** */ruta/al/fichero/descargado /usr/share/sane/gt68xx/.*

6. Finalmente, lo único que queda es dar permisos de lectura al fichero, y ya estará listo para trabajar.

   Por ejemplo, *chmod a+r /usr/share/sane/gt68xx/ficherodescargado.*

Recuerde

Para poder hacer modificaciones desde la línea de comandos se deberá acceder como administrador, de otro modo no permitirá la operación.

Instalación en *MacOS*

El primer paso es instalar los *drivers* y controladores del escáner para que se pueda acceder a todas las funciones del mismo. Prácticamente todos los escáneres incluyen *un software* para la edición y el tratamiento de imágenes.

Instalación de drivers en MacOS

Se reinicia el ordenador y se verifica que el escáner está bien conectado al PC. Nada más iniciarse el ordenador detectará el escáner.

El último paso es la configuración del dispositivo. Para ello se coloca una muestra, por ejemplo, una foto o un documento en papel en la bandeja del escáner y se siguen las siguientes instrucciones:

1. Se hace clic en la aplicación de escaneado (incluida con el escáner) y se pulsa en **Vista previa.** El escáner realizará un escaneado rápido de baja resolución del documento que aparecerá en la ventana del *software.*
2. En el menú emergente **Tipo de imagen** se elige el elemento que se va a escanear, por ejemplo, **Foto en color** en el caso de copias o transparencias, **Negativo** en el caso de negativos de película, **Documento de color** en el caso de revistas y folletos, o **Gráfico de texto/línea** en el caso de documentos de texto o dibujos de línea en blanco y negro.
3. En **Destino** se selecciona donde se va a almacenar el documento escaneado. Se elige **Pantalla/Web** en el caso de que se quiera mostrar la imagen por el monitor, o **Impresora** si se quiere imprimir el documento después de escanearlo.
4. Al elegir la resolución se debe tener en cuenta que si se quiere imprimir el documento se deben aplicar resoluciones superiores a los 200 ppp.
5. Se pueden usar los demás controles que ofrece el *software* de escaneo para mejorar la calidad de la imagen que se vaya a capturar.

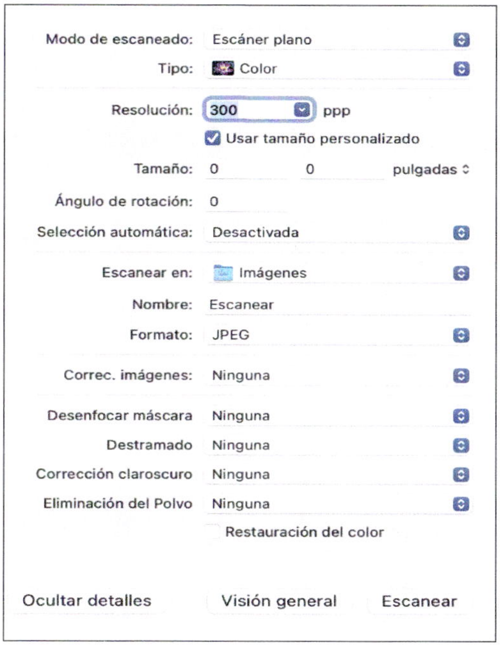

Configuración del escáner

Aplicación práctica

Paco ha vuelto a comprarse otro periférico para su oficina. Esta vez se trata de un escáner. El ordenador donde quiere instalar el dispositivo tiene instalado el sistema operativo *Ubuntu*. ¿Cuáles son los pasos que debe seguir para realizar una correcta instalación?

SOLUCIÓN

El primer paso es verificar en la lista indicada anteriormente si el escáner es compatible con el proyecto SANE. Después habrá de descargarse el firmware de acuerdo con el escáner en la siguiente página: http://www.sane-project.org/sane-backends.html#S-GT68XX.

Una vez descargado el fichero se pasará a trabajar únicamente en la ventana de comandos. Se creará un nuevo directorio (si no está ya creado) y se moverá el fichero descargado a dicho directorio.

Continúa en página siguiente >>

<< Viene de página anterior

Finalmente, lo único que queda es dar permisos de lectura al fichero, y ya estará listo para trabajar.

6. Instalación y configuración de periféricos: lector óptico

En este apartado se detalla como añadir un lector óptico al equipo y cómo usar todas sus características siguiendo unos sencillos pasos.

6.1. Instalación de un lector óptico

Antes de comenzar con la instalación hay que comprobar que todas las partes y componentes del lector están presentes y asegurarse de que se tienen las herramientas precisas.

Se necesitarán también los útiles adecuados para su fijación (pueden ser desde fijaciones de pinza plásticas a tornillos de tamaño especial para la fijación a la bahía).

Fijación de la unidad con un destornillador de estrella

Importante

Para fijar la unidad lectora en la bahía de 5 ¼ pulgadas (la grande dentro de un equipo) se utilizarán tornillos de lectora y un destornillador Phillips (de estrella).

Una vez fijada la unidad en la bahía se debe conectar el cable de alimentación eléctrica que podrá ser un *molex* o un SATA 15, dependiendo del conector que tenga la unidad lectora.

Alimentación molex de un lector óptico

El cableado de conexión de una unidad óptica puede ser de dos tipos IDE, o SATA. La principal diferencia entre ellos es que el sistema IDE es un poco más antiguo y se usa una faja de datos que va desde un conector trasero a la placa base del ordenador además de que transporta los datos desde el lector óptico hasta la placa base para su procesado (lectura) o a la inversa, desde la placa base o disco duro hasta el lector (grabación). Los conectores SATA, que son más modernos, ocupan mucho menos espacio y tienen un mayor ancho de banda.

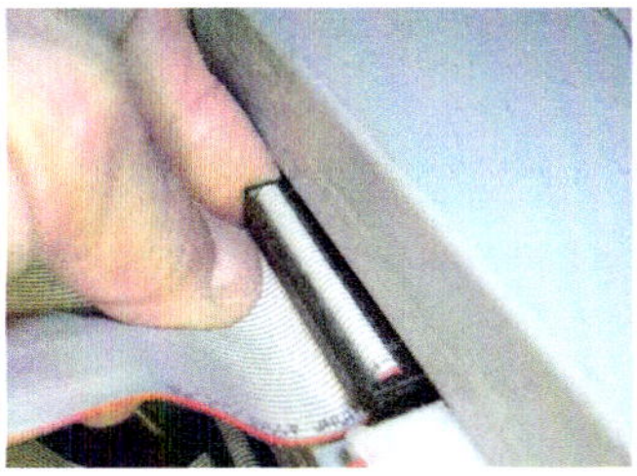

Conexión del cable IDE

Si la unidad a instalar es de tipo IDE se deben fijar los *jumpers* en la posición adecuada.

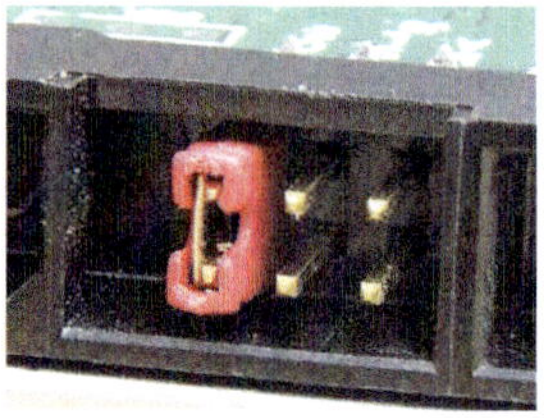

Jumper

Sabía que...

Los jumpers son unos pequeños capuchones plásticos que internamente tienen una conexión que hace de puente, cerrando el circuito de unas pequeñas patillas de la unidad que determina si la unidad es "maestra" o "esclava" de un disco duro o de otra unidad.

La unidad, aunque se aloje dentro de la torre del ordenador, debe estar protegida de agresiones ambientales externas, tales como la temperatura, la humedad, etc. y lo que es más importante, el polvo. Si no se tiene especial cuidado en la protección de la lente del dispositivo contra el polvo u otros agentes externos (discos sucios o rallados), se puede provocar un daño irreparable en la lente del dispositivo dejándolo inservible.

Sabía que...

La lente del lector óptico es la pieza más importante y cara de sustituir del periférico.

Para la configuración del lector óptico, los pasos a seguir son los siguientes:

1. Desconectar el equipo de la red eléctrica para evitar descargas de corriente mientras se trabaja con él.
2. Colocar la torre de manera que se pueda manipular cómodamente. Se deberá buscar un lugar elevado con una mesa adecuada y con buena iluminación, pues se tendrá que trabajar en un espacio reducido donde haya poca luz.

Torre abierta

3. Se quitarán los tornillos o clavijas plásticas que sujetan ambas paredes de la torre del ordenador, y se retirarán ambas partes dejando al descubierto el interior del equipo.
4. Se quitará el frontal plástico que cubre la bahía donde se va a insertar el dispositivo para que este asome por la parte frontal.

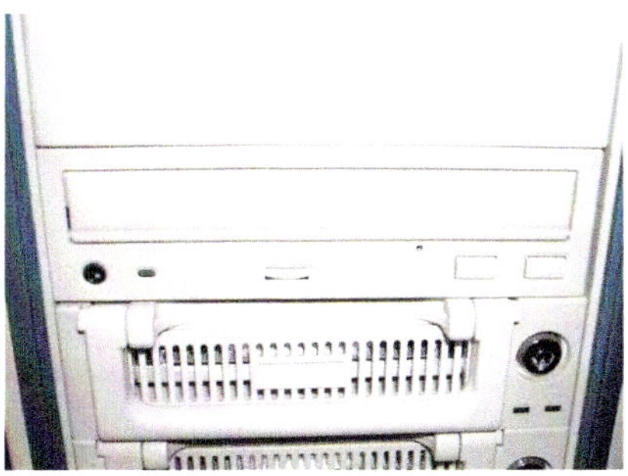

Frontal de lector óptico

5. A continuación se desplazará (como si de una cinta de vídeo se tratase) el lector a través de la bahía y se fijarán las sujeciones (tornillos o pinzas plásticas) dejando bien nivelada la parte frontal con la cara frontal de la torre sin que sobresalga ni se quede hundida.

Sujeción del lector

En este punto hay que hacer especial hincapié si se utilizan tornillos para la fijación, ya que se deben usar los tornillos que proporciona el lector óptico y no otros (la parte de la rosca de los tornillos de fijación es muy corta). Esto es así porque dentro de un lector óptico hay partes móviles que no deben ser obstruidas bajo ningún concepto si se quiere que funcione correctamente. Por ejemplo, si se usan tornillos aunque sean del mismo tamaño, pero con un largo de rosca superior, se podría obstruir el carro que hace que la bandeja se desplace para poder insertar un disco.

Tornillos de lector óptico

Una vez realizado el montaje (si el dispositivo tiene interface IDE), se debe establecer la configuración correspondiente al dispositivo. Este puede ser independiente "maestro" o dependiente "esclavo" de otro dispositivo.

Recuerde

En el caso de que el lector use fajas de datos SATA no sería necesario realizar esta operación ya que estas van directamente conectadas a la placa base.

Para ello se usará un pequeño *jumper* que se inserta en la parte posterior del lector óptico. Este *jumper* selecciona la prioridad del dispositivo en el canal IDE al que se conecta. La posición master (maestro) indica que el dispositivo tiene prioridad en el canal al que se conecta. La posición slave (esclavo) indica que si se conecta otro dispositivo al mismo canal tendrá preferencia sobre el lector. El caso más habitual es el que el disco duro y el lector óptico compartan canal IDE, por lo que el disco duro se establece como *master* (maestro) y el lector óptico como *slave* (esclavo).

Si se instalan dos unidades ópticas en el mismo canal IDE, la grabadora debe ser fijada en posición *master* y la lectora en posición *slave* para no perturbar la llegada de datos a la grabadora en el proceso de grabación.

Jumper

Colación del jumper

Finalmente se conecta el extremo del cable de datos IDE que va a la placa base (generalmente de color azul) en el conector a tal efecto y se conecta a la unidad. Estos conectores tienen una muesca para asegurar que su conexión se realiza en la postura correcta. También se deberá conectar el conector de alimentación *molex.*

Conectores IDE y floppy en la placa base

Lector ya instalado

En el caso de una unidad SATA se deberá conectar el cable SATA en un conector SATA 7 de la placa base y el otro extremo en el conector SATA 7de la unidad. Así mismo se conectará el cable de alimentación SATA 15 de la fuente en el conector indicado de la unidad.

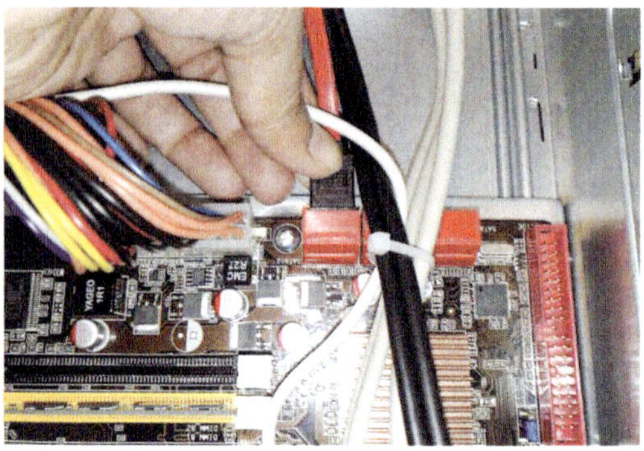

Cable SATA 7 conectado en la placa base

Una vez realizado todo el montaje se vuelve a montar la caja, se conecta de nuevo el ordenador a la corriente, y se enciende el equipo.

Cables SATA 15 de alimentación y SATA 7 de datos

6.2. Configuración de un lector óptico

Una vez instalado el lector e iniciado el sistema operativo, en el apartado **Este Equipo,** deberá aparecer el icono de un nuevo dispositivo de lector óptico de discos.

Es muy aconsejable que se realice alguna prueba con el dispositivo (grabar un disco o leer uno ya escrito). También se deberá comprobar que la bandeja donde se deposita el disco abre y cierra correctamente sin emitir ruidos extraños para asegurar que la presión con los tornillos de sujeción es la correcta y que no se obstruye su paso.

La instalación de un lector óptico es genérica para cualquier tipo de ordenador independientemente de su sistema operativo.

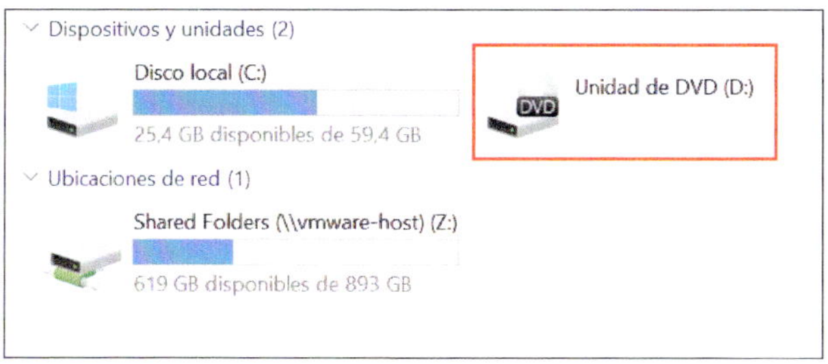

Icono de lector óptico

Aplicación práctica

María ha comenzado el ensamblaje de su nuevo ordenador y quiere añadir un lector de CD pero es algo inexperta en la materia y decide consultar a un técnico. ¿Qué pasos seguirá el técnico para instalarlo?

SOLUCIÓN

El primer paso que realizará es desconectar el equipo de la red eléctrica para evitar recibir descarga de corriente mientras trabaja con él.

Continúa en pagina siguiente >>

<< Viene de página anterior

Se retirarán los tornillos o clavijas plásticas que sujetan la pared movible y se abrirá permitiendo el acceso al interior del equipo.

Tras esto se retirará el frontal plástico que cubre la bahía donde se va a insertar el dispositivo.

A continuación se colocará el lector en el hueco liberado y se fijará usando los elementos de sujeción incluidos (tornillos o clavijas plásticas). Se debe nivelar el frontal del lector con el del equipo, evitando que sobresalga o quede hundido.

Tras esto, el técnico conectará la toma de corriente y la faja de datos, y así quedará listo para funcionar.

7. Instalación y configuración de periféricos: altavoces, micrófonos y dispositivos multimedia

La instalación de dispositivos periféricos multimedia tales como altavoces, micrófonos y similares es totalmente distinta a los dispositivos descritos hasta ahora.

7.1. Instalación de dispositivos multimedia

Además de identificar y disponer de todos los requisitos para instalar este tipo de dispositivo, también es recomendable proveerse de una pista de audio o disco de música para hacer las comprobaciones a lo largo de la instalación

En la documentación se identificarán los componentes del dispositivo a instalar, mapa de cableado, requisitos mínimos del sistema, consejos de configuración y especificaciones técnicas.

También se habrán de detallar las dimensiones del cableado y de los altavoces (si los hubiera), las funciones del mando a distancia (en caso de que tenga) y cada una de las conexiones que posea el dispositivo.

La alimentación eléctrica de los altavoces suele ser directa a una toma de corriente, ya que el cable de alimentación posee, como norma general, un transformador que proporciona la energía exacta que precisa el dispositivo para funcionar.

Documentación del fabricante de sistema multimedia

Nota

En otras conexiones (sobre todo si son altavoces pequeños) tomarán la corriente directamente del cable de conexión al ordenador. En caso de que se trate de un micrófono sucederá de igual manera: el cable de conexión de audio provee también de energía al dispositivo.

Las cámaras webs también se proveen de electricidad directamente de la conexión USB. Por lo tanto es la propia fuente de alimentación la que provee de energía a dispositivos como micrófonos o auriculares, cámaras webs y altavoces de pocos vatios que se alimentan a través del propio conector.

El cableado puede ser de distintos tipos en función del dispositivo que se vaya a instalar. De forma habitual se usan conectores de 3,5 mm para la conexión al ordenador, mientras que las conexiones que van hasta los altavoces puedes ser de varios tipos. Las más usadas son:

- **Conectores *jack*.** Tienen forma cilíndrica y una hendidura en el cabezal que sujetará el conector una vez introducido en su ubicación.

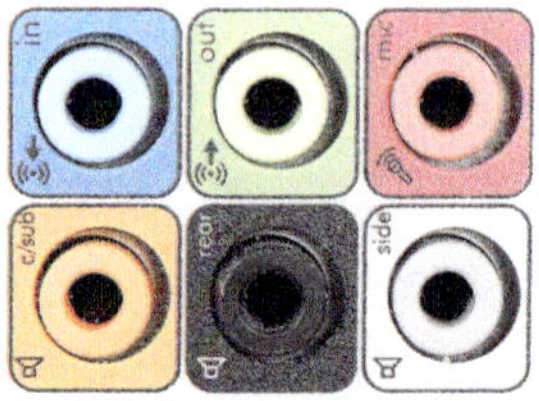

Puertos de audio tipo jack

- **Conector RCA.** Estos conectores transmiten señal de audio por dos canales separados. Este tipo de conector se encuentra habitualmente en los equipos de música, aunque también puede encontrase en las tarjetas de video. Lo habitual es que el tipo de cable que se conecte en estos conectores sea coaxial, aunque también pueden conectarse otros tipos de cables.

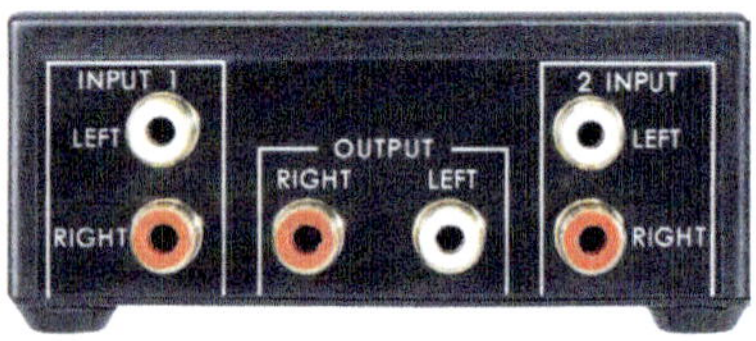

Puertos RCA estéreo

- **Conector RCA SPDIF.** Se utiliza para conectar una entrada/salida de audio digital mediante un cable coaxial.

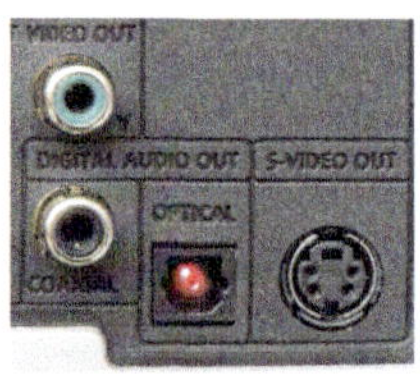

Puertos SPDIF, RCA y toslink

- **Conector *toslink*.** Generalmente se usa para la conexión de audio digital SPDIF mediante cable de fibra óptica. Es un conector que dispone de entrada óptica en su extremo para conectarse al puerto óptico correspondiente en el equipo.

Conector toslink

En un ordenador o una tarjeta de sonido se pueden conectar los dispositivos de audio mediante los conectores RCA (dos para lograr el sonido estéreo), un conector SPDIF *(toslink* o RCA) o mediante conectores *jack* independientes para cada canal de audio. Lo habitual es que los altavoces se conecten mediante conectores *jack* independientes que vienen diferenciados por colores para hacer más fácil la función de conexión (Blanco altavoz izquierdo y Rojo altavoz derecho).

Conectores *jack* por colores

Verde TRS 3,5 mm	Salida estéreo, canales frontales
Negro TRS 3,5 mm	alida estéreo, canales trasero
Gris TRS 3,5 mm	Salida estéreo, canales laterales
Dorado TRS 3,5 mm	Salida dual, centro y *subwoofer*
Azul TRS 3,5 mm	Entrada estéreo, nivel de línea
Rosa TRS 3,5 mm	Entrada micrófono mono/estéreo

En cuanto a las condiciones ambientales cabe decir que se recomienda que los altavoces estén en un lugar seco, firme y alejado de vibraciones.

Importante

El calor excesivo es también desaconsejable, ya que puede dañar la malla que envuelve los altavoces o estropear las almohadilla de auriculares y micrófonos.

En los casos de los equipos de sonido envolvente o de más de una vía se aconseja situarse a una distancia prudencial de los altavoces para evitar dañar los oídos y disfrutar de una calidad de un sonido lo más nítida posible. También se incluyen entre las recomendaciones para la los auriculares que incorporan un micrófono, que no acercar demasiado el uno al otro, porque se puede acoplar el sonido viéndose afectada la calidad o pudiendo producir daños el oído de la persona que lo está utilizando.

7.2. Configuración de un dispositivo multimedia

En este apartado cabe distinguir entre los diferentes dispositivos periféricos que se pueden instalar. En el caso de las cámaras web, el proceso es sencillo pues solo hay que conectarla al equipo e instalar su controlador. La puesta en marcha es casi instantánea.

Para la instalación de unos auriculares o un micrófono solo hay que conectarlos y establecer su configuración desde la opción **Sonidos** que se encuentra en el **Panel de Control.**

Sin embargo, si se quiere instalar un equipo de audio de varios altavoces, el montaje puede complicarse algo más. Es entonces cuando se recomienda seguir una serie de pasos:

1. Analizar todo el contenido del material a utilizar, altavoces y cableado.

Contenido de un equipo de audio

2. Después instalar cada altavoz en su lugar siguiendo las recomendaciones de configuración del fabricante.

Nota

En los conjuntos de altavoces 5.1 o 7.1 los cables suelen ser de distintos colores para diferenciarlos por altavoz.

Disposición de altavoces

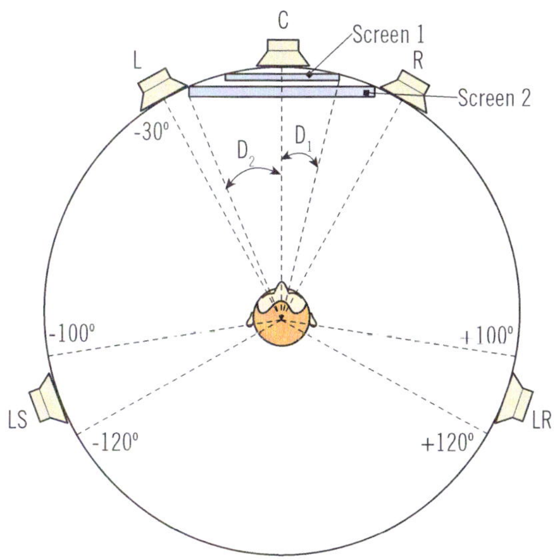

3. Realizar las conexiones siguiendo el esquema de colores para poder identificar los altavoces por su localización. Izquierdo/derecho (en caso de equipos 2.1), central, delantero izquierdo, delantero derecho, trasero izquierdo, trasero derecho y *subwoffer* (en caso de equipos 5.1) y así sucesivamente.

Sistema de sonido 2.1

Sistema de sonido 5.1

Tras revisar que todo está conectado y ubicado correctamente se procederá a su conexión al ordenador y la verificación de su funcionamiento.

Windows

La configuración de los altavoces en *Windows* es bastante fácil. Tras su conexión solo se deberá comprobar que todos los altavoces reproducen sonido correctamente de forma limpia y sin vibraciones.

Para configurarlos se debe acceder a la opción de **Sonidos** que se encuentra en el **Panel de control,** y desde donde se podrá elegir desde el tipo de altavoces conectados, el sonido, ecualización y otros parámetros de configuración.

Existe un control de prueba que emite una pista predeterminada de ruido por cada altavoz, uno a uno, para comprobar que todos los altavoces están conectados correctamente.

Sabía que...

También se podrán elegir los efectos de sonido en el caso de que el *software* permita esa opción.

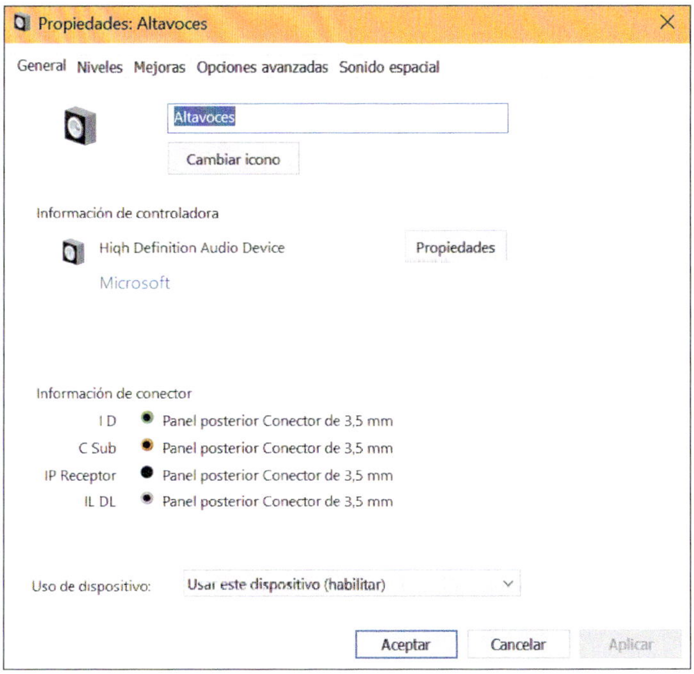

Configuración de sonido en Windows

Ubuntu

La configuración de sonido de *Ubuntu* es de las más intuitivas, y solo se necesita seguir unos pasos determinados para que funcione correctamente.

Para configurar el sonido en *Ubuntu,* se accede a la configuración del sistema dentro de las aplicaciones y en su interior, seleccionar la opción **Sonido** que se encuentra en el menú lateral izquierdo.

En el interior de la ventana se muestran las diferentes opciones de configuración. Una de las novedades que se incluyen es la sobreamplificación, que permite ampliar el volumen por encima del 100 % del valor máximo del equipo. Debe usarse con cuidado puesto que puede dañar los altavoces y perjudicar a los usuarios.

Se puede modificar o silenciar el volumen de los sonidos del sistema o incorporar sonidos de alertas (ladrido, goteo, vaso, sonar).

En las opciones **Entrada** y **Salida** se establece la configuración de los dispositivos asociados a cada una de ellas. En ambos casos se puede establecer el dispositivo que se desee utilizar de forma predeterminada para los micrófonos y altavoces.

Antes de establecer los dispositivos que se van a utilizar, se recomienda probarlo para asegurarse de su correcto funcionamiento, mediante el botón **Probar** que se ofrece en cada apartado.

Nota

Aunque se permita la sobreamplifcación de los sonidos en *Ubuntu,* no se recomienda su uso, ya que puede perjudicar al dispositivo de salida.

En los dispositivos de entrada se debe regular correctamente el volumen de entrada para evitar distorsiones que inutilicen la grabación por no entenderse el mensaje emitido.

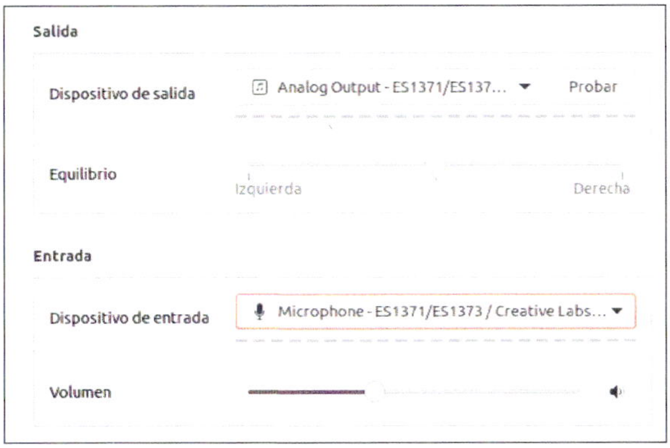

Configuración dispositivos de entrada y salida

MacOS

Para acceder a la configuración de sonido en *MacOS* se debe acceder a **Configuración de Audio MIDI.** Aquí se pueden configurar los dispositivos de entrada y salida conectados al ordenador, seleccionar los dispositivos de entrada y salida de audio, configurar los altavoces externos, y controlar los niveles.

Los equipos fabricados por Apple integran altavoces en sus equipos, aunque permiten la conexión de auriculares o altavoces externos al equipo. Para ello no es necesario instalar *software* adicional, exceptuando el caso de los altavoces de sonido envolvente que requieren un controlador específico para que funcionen correctamente.

Aplicación práctica

Juan ha comprado un sistema de altavoces para su sótano, pero este es bastante húmedo y las paredes son irregulares, por lo que no puede disponer los altavoces tal y como indica el manual de instalación. ¿Qué recomendaciones le haría para poder disfrutar de sus altavoces?

SOLUCIÓN

Las condiciones ambientales que se aconsejan son que los altavoces estén en un lugar seco, firme y alejado de vibraciones. El calor excesivo tampoco se recomienda ya que puede dañar la malla que envuelve los altavoces o estropear las almohadilla de auriculares y micrófonos. Un factor que debe tenerse en cuenta es la tensión de alimentación del equipo puesto que si es superior a la indicada por el fabricante, puede causar daños irreparables en los equipos, o si es inferior los equipos no funcionar correctamente.

En los casos de los equipos de sonido envolvente o de más de una vía también se recomienda situarse a una distancia prudencial de los altavoces para no incurrir en daños en el oído y que se disfrute de un sonido lo más nítido posible.

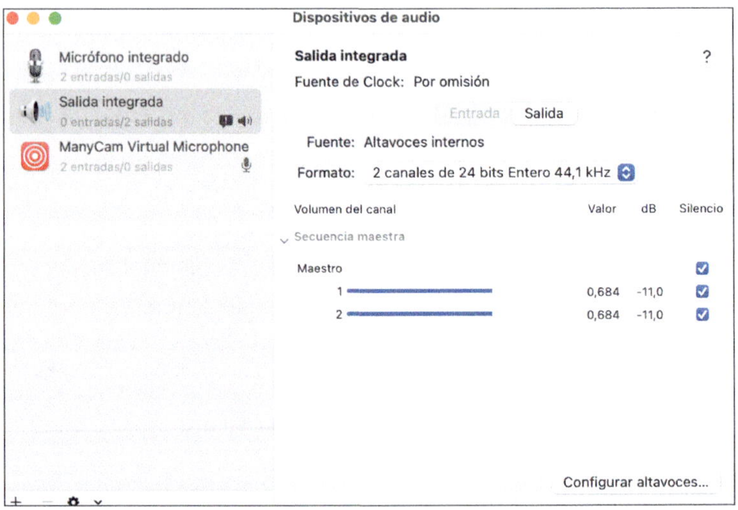

Configuración de sonido en MacOS

Aplicación práctica

Pedro acaba de terminar de instalar su sistema de sonido que comprende también un micrófono de sobremesa pero no sabe como comprobar si capta el sonido de manera correcta. Acude a usted en calidad de técnico y le pide ayuda. ¿Cómo lo haría?

SOLUCIÓN

La grabadora de voz normalmente está preinstalada en *Windows* encontrándose en **Inicio → Grabadora de voz.** Si no se encuentra en esa ubicación se debe descargar e instalar desde la tienda de aplicaciones de *Microsoft.*

Se deben cerrar todos los programas abiertos que puedan estar utilizando el micrófono y los altavoces. Se hace clic en el botón inicio de *Windows* sito en la esquina inferior izquierda de la pantalla y se abrirá la aplicación **Grabadora de voz.**

Una vez se encuentra la aplicación en ejecución, se pulsará sobre el círculo amarillo que contiene en su interior un icono de un micrófono para comenzar a grabar, se pronunciarán unas palabras y posteriormente se parará la grabación. Posteriormente se reproducirá la grabación pulsando el botón de reproducción (círculo amarillo con un triángulo en su interior) para escuchar la grabación. Si se sigue sin escuchar la alocución de la grabación, se deberá revisar la configuración de los altavoces (nivel de sonido) o la del propio micrófono.

8. Instalación y configuración de periféricos: lector de cinta de *backup*

Los lectores de cinta de *backup* son bastante fáciles de instalar pues realizan una única tarea: copias de respaldo de grandes cantidades de datos. A continuación se detallan todos los elementos y procedimientos que se precisan para lograr su funcionamiento.

8.1. Instalación de un lector de cinta *backup*

La unidad de cinta de *backup* se conecta directamente a una toma de corriente. También es muy aconsejable que se utilice un sistema de alimentación ininterrumpida (SAI) para mantener la alimentación eléctrica mediante baterías cuando falla el suministro o se produce una anomalía (por ejemplo, una sobretensión). Así en caso de una interrupción de suministro, el equipo de copias de seguridad continuará funcionando con normalidad evitando la pérdida de datos.

Cableado

Los lectores de cinta internos actuales utilizan normalmente interfaces de datos SATA y SAS.

- **SATA:** los conectores SATA, como ya se sabe, son eficaces en lo que se refiere a transferencia de datos se refiere, pues pueden llegar a soportar una tasa de transferencia de hasta 6 GB/s. Son compatibles con los SAS ya que puede conectarse un controlador SATA con el mismo cable de datos.
- **SAS:** los cables SAS utilizan los mismos conectores SATA pero conectados a una controladora SAS dedicada. El conector SAS SF 8482 es compatible con un conector SATA para datos, e incorpora alimentación. El conector de datos se conecta a la controladora y luego utilizará un conector *molex* o SATA 15 para dotar de corriente a la unidad. Este conector es necesario ya que las unidades SAS tienen un conector único para datos y alimentación, aunque en realidad se trata de conectores idénticos a los SATA pero unificados. El interfaz SAS tiene una tasa de transferencia de hasta 6 GB/s.

Conectores SATA y SAS de los dispositivos

Conector interno SAS SF 8482

Detalle del conector SAS SF 8482

Una controladora SAS tiene normalmente capacidad para conectar varias unidades de almacenamiento pudiendo conectarse el cable con conectores SATA a la controladora y con conectores SAS SF8482 a la unidad. Como la controladora tiene conectores SATA pueden conectarse a ella discos SATA y SAS, ya que es compatible con el bus SATA.

Controladora SAS con cuatro conectores

Las unidades externas más comunes también utilizan los interfaces SATA y SAS por lo que emplean la versión externa del cable SATA, el eSATA, y el cable externo SAS

Cable SAS externo con conectores SF 8470 y SF 8088

Lector de cintas de backup SAS externo

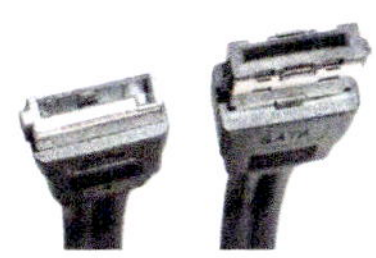

Cable y conector eSATA

Se deben almacenar las cintas magnéticas en un ambiente limpio. La alta temperatura y humedad, la presencia de polvo y de elementos corrosivos en el aire afectan los componentes físicos que conforman la cinta magnética y pueden ocasionar la pérdida de datos o reducción de la capacidad de almacenamiento.

Sabía que...

Las temperaturas inferiores 0°C pueden dañar realmente el medio y acortar, en vez de extender, la esperanza de vida del dispositivo.

Los cambios bruscos de temperatura tampoco son aconsejables ya que introducen presión en el rollo de cinta. Cuando las cintas han de reproducirse en un ambiente diferente al del almacenamiento se deben dejar un rato a la intemperie para que se aclimaten a la nueva temperatura. Aunque todas estas medidas puedan parecer un poco exageradas no se debe olvidar que cuando alguien utiliza un lector de cintas de *backup,* es porque desea conservar durante mucho tiempo datos vitales para su empresa o trabajo. Así que toda precaución es poca.

No se debe usar algodón ni tampoco otros métodos para limpiar los cabezales. Existen cartuchos de limpieza que utilizan una cinta especial que no daña los cabezales ni deja restos de productos de limpieza. Cada cartucho de limpieza se puede emplear aproximadamente unas 50 veces, o cuantas veces se indique en su embalaje. Los cartuchos de limpieza vienen preparados con unos casilleros que se pueden ir marcando a medida que se usan para la limpieza del dispositivo.

8.2. Configuración de un lector de cintas de *backup*

El lector de cintas tiene un sistema de instalación bastante básico pues tan solo hay que ceñirse a las indicaciones que dicta el manual, que como norma general, suelen ser:

1. La conexión del dispositivo a la red eléctrica, la conexión de la faja de datos al ordenador y la puesta en marcha.
2. El reconocimiento del dispositivo es prácticamente automático y solo se necesita el disco de *drivers* que poseen todos los lectores de cinta y que vienen paquetizados en él.
3. En el disco también se encuentra el *software* del fabricante que una vez instalado permitirá realizar las copias de seguridad.

Una vez instalado y configurado el lector de *backup* y utilizando el *software* que incorpora el equipo, se podrán realizar automáticamente las copias de seguridad de manera periódica.

La instalación de un lector de cintas de respaldo funciona igual en el sistema operativo *Ubuntu* y *MacOS,* puesto que el proceso principal de configuración se basa totalmente en el *software* que se instale para las copias de seguridad.

Nota

El término *Backup* significa "respaldo" por lo que en español se suele llamar a un *Backup,* "copia de respaldo".

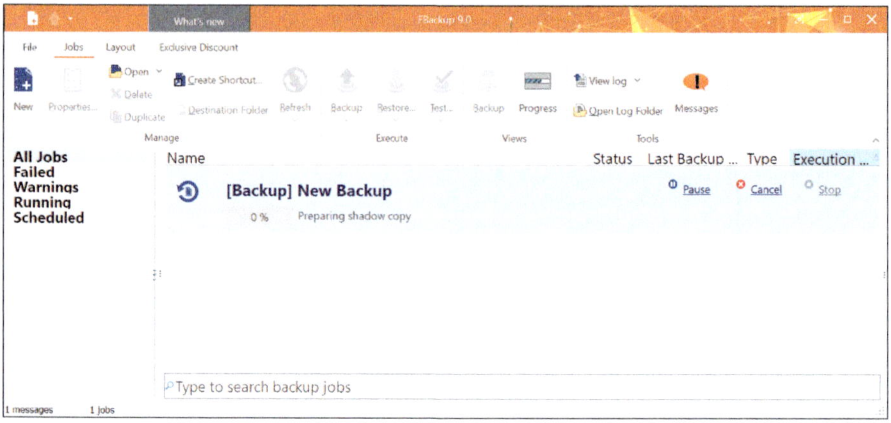

Software de respaldo

9. Instalación y configuración de otros periféricos

Existen muchos otros dispositivos que aunque poseen un proceso de instalación muy sencillo, también son dignos de mención.

9.1. Memorias USB

Las memorias *flash* implementan el estándar *"USB mass storage device class"* (clase de dispositivos de almacenamiento masivo USB). Esto significa que la mayoría de los *sistemas operativos* modernos pueden leer o escribir en dichas unidades *sin drivers* adicionales.

Una recomendación muy útil acerca de este dispositivo es formatearlo para empezar a trabajar con él por si posee datos residuales de fábrica que ocupen espacio. Para ello solo hay que pulsar con el botón derecho del ratón sobre dispositivo y pulsando el botón secundario de éste se accede al menú emergente. Dentro del menú emergente, se debe seleccionar la opción **Formatear** y elegir el tipo de formato deseado **(Formato rápido** o **Formato).**

Memoria USB

9.2. Cámaras web

Para el proceso de montaje de las cámaras webs hay que seguir una serie de pasos, similares todos ellos a la instalación de cualquier periférico. Estos son los siguientes:

1. En primer lugar se desembala todo el contenido de la caja incluido el disco de *software* o cualquier otro elemento que contenga.
2. Se conecta el cable USB al ordenador y se espera a que el sistema operativo lo reconozca.
3. Se introduce el disco de *software* en el ordenador y se instalan los *drivers* y cualquier utilidad del *software* que lleve consigo la cámara web.
4. Tras esto la cámara está totalmente lista para poder ser usada y se pueden probar sus utilidades haciendo una pequeña grabación para comprobar que reconoce el vídeo y el sonido (si dispone de micrófono).

Recuerde

Hay una serie de consideraciones que hay que seguir con respecto al uso de cámaras web, como por ejemplo, no tocar la lente de la cámara web con los dedos. (Si la lente está cubierta de polvo o suciedad, mejor limpiarla con un paño seco). También hay que alejar la cámara de sitios húmedos o con polvo y no usar alcohol u otros productos para limpiarla.

9.3. Monitores

Los monitores aunque parezcan una parte normal de un ordenador no dejan de ser otro dispositivo y por tanto existe un procedimiento para su instalación:

1. En primer lugar se apaga el ordenador y se desconecta el cable de conexión. Se conecta el conector azul del cable de señalización del monitor a la conexión en la parte trasera del ordenador.
2. Hay que apretar los tornillos que fijan el conector que viene del equipo a la pantalla. Los tornillos evitarán el desprendimiento del conector, por lo que será suficiente apretarlos con la mano ya que en caso de ruptura el conector quedaría suelto.
3. Tras esto se conecta el cable eléctrico del monitor a la salida en la parte trasera de este y los cables del ordenador y del monitor a un enchufe eléctrico. En el último paso se enciende el monitor y el ordenador.
4. Como en anteriores procedimientos se debe esperar a que el dispositivo sea reconocido por el sistema operativo. Y en caso de que no sea *Plug and Play* se deben instalar los *drivers* de manera manual. Tras esto se deberá ajustar la resolución, brillo y contraste para usarlo cómodamente.

De entre los conectores para monitor hay tres que son los más extendidos los VGA, DVI y HDMI:

- El VGA *(Vídeo Graphics Adapter)* es el que se puede encontrar de serie en las placas base del ordenador.
- El DVI *(Digital Visual Interface)* es el más utilizado en pantallas LCD y proyectores.
- El HDMI *(High Definition Multimedia Interface)* o interfaz multimedia de alta definición es el más novedoso. Puede proporcionar una calidad de audio e imagen en las más altas resoluciones.

Puerto DVI

Puerto HDMI

Puerto VGA

9.4. Ratón y teclado

El ratón y el teclado pueden conectarse por puerto PS/2 o USB, pero en ambos casos el reconocimiento por parte del equipo es casi instantáneo. Solo se deberá recurrir a los *drivers* de este dispositivo en caso de que no se reconozcan y como último recurso.

En el supuesto de que se trate de un ratón y teclado inalámbricos el proceso es similar. Los periféricos se conectan al equipo mediante un dispositivo inalámbrico que emite la señal hacia los receptores. Para sincronizar los dispositivos, estos disponen de un botón de sincronización con el emisor. Aunque estos tipos de dispositivos son reconocidos por la mayoría de los sistemas operativos, se recomienda instalar los *drivers* que acompañan a los periféricos para asegurar que funcionan correctamente con los requisitos del fabricante.

El proceso de instalación es el siguiente:

1. Comprobar el tipo de conectores poseen tanto el teclado como el ratón. Estos pueden ser USB, por puerto PS/2 e inalámbricos.
2. La conexión de este dispositivo se debe hacer con el ordenador apagado, porque aunque la instalación por USB es automática, si resulta ser de PS/2 (que es más antigua) no la reconocerá a menos que se reinicie el ordenador.
3. En caso de que el ratón y teclado sean inalámbricos se procederá a sincronizar el ratón y el teclado con su receptor. Para ello se pulsa el botón de conexión del receptor USB, y a continuación el botón del receptor del teclado y del ratón, por este orden.

4. Por último solo queda verificar que funcionan correctamente tanto el teclado como el ratón, en caso de no ser así solo hay que volver a sincronizarlos de nuevo.

Aplicación práctica

Miguel trabaja en un ordenador donde realiza algoritmos y programa datos de vital importancia para su empresa. Aunque trabaja con copias de seguridad constantemente teme que su ordenador pierda datos en caso de un apagón. Si fuera el encargado de mantenimiento de esa empresa, ¿qué modificación realizaría en ese equipo?

SOLUCIÓN

Es muy aconsejable que se utilice un SAI, (dispositivo que permite mantener la alimentación eléctrica mediante baterías cuando falla el suministro o se produce un corte). Sirve para proteger los dispositivos que están conectados y mantenerlos en funcionamiento ante cortes breves del suministro eléctrico. Así, en caso de una interrupción de suministro, el equipo de copias de seguridad continuará funcionando con normalidad evitando la pérdida de datos.

Aplicación práctica

José Manuel acaba de comprar un monitor, y pide que se lo instalen en su oficina. Resuma los pasos que se deben dar para su instalación.

SOLUCIÓN

En primer lugar se apagará el ordenador y se desconectará el cable de conexión. Se conecta el conector azul del cable de señalización del monitor a la conexión en la parte trasera del ordenador.

Continúa en página siguiente >>

<< Viene de página anterior

Hay que sujetar el conector con los tornillos que incluye, apretándolos con los dedos y sin mucha fuerza para evitar que se rompan y posteriormente conectar el cable correspondiente a la alimentación eléctrica del monitor. Una vez conectados los cables en la parte trasera del monitor, únicamente queda la conexión del monitor con el ordenador y la alimentación eléctrica desde una toma de corriente. Una vez conectados todos los conectores en sus ubicaciones solo queda encender el monitor y el ordenador para comprobar que su funcionamiento es correcto.

Aplicación práctica

Usted tiene dos ordenadores: uno de ellos posee solo puertos PS/2 para instalar el teclado y el ratón. Al otro se le debe instalar un ratón y teclado inalámbricos. ¿Cómo procederá para que queden correctamente instalados?

SOLUCIÓN

La conexión de este dispositivo se debe hacer con el ordenador apagado, porque aunque la instalación por USB es automática, si resulta ser de PS/2 (que es más antigua) no la reconocerá a menos que se reinicie el ordenador. En caso de que el ratón y teclado sean inalámbricos se procederá a sincronizar el ratón y el teclado con su receptor. Para ello se pulsa el botón de conexión del receptor USB, y a continuación el botón del receptor del teclado y del ratón, por este orden. Por último solo queda verificar que funcionan correctamente tanto el teclado como el ratón, en caso de no ser así solo hay que volver a sincronizarlos de nuevo.

10. Instalación y configuración de tarjetas

Existen varios tipos de tarjetas que se pueden añadir al equipo: de red, de audio, gráfica, de televisión, etc. Para la instalación de las distintas tarjetas se necesitará un destornillador Phillips (de estrella).

10.1. Instalación de tarjetas de expansión

Antes de nada hay que especificar que se trabaja sobre la placa base de el ordenador y por lo tanto se deberá hacer en un lugar con buena fuente de luz y estable.

El primer paso, en caso de que se quiera sustituir una tarjeta por otra ya existente, es desinstalar el controlador anterior para evitar que haya conflicto entre controladores provocando que el ordenador no reconozca la nueva tarjeta. Para ello se debe acceder al **Administrador de dispositivos,** que se encuentra dentro del panel de control, donde se visualizarán los dispositivos que están conectados al equipo. Se debe localizar el controlador correspondiente a la tarjeta que se desea eliminar y situando el puntero del ratón sobre él, pulsar el botón secundario del ratón y seleccionar la opción desinstalar de las opciones que muestra el menú emergente mostrado. Una vez desinstalado el controlador ya se puede cambiar la tarjeta por la nueva.

Si se va a instalar una tarjeta nueva solo se necesitarán seguir los pasos que vienen a continuación:

1. Por seguridad se debe apagar el equipo y desconectar la torre de la corriente eléctrica para evitar accidentes.
2. Se procede a tumbar la caja que aloja la placa base y los componentes del equipo para desmontar la tapa que da acceso al interior de la caja. Para retirar la tapa puede que se necesite un destornillador o útil adecuado dependiendo de la modalidad de cierre elegida por el fabricante.
3. Una vez se tenga la placa base a la vista se observarán una serie de bahías que quedan en la parte inferior del microprocesador donde se procederá a instalar la tarjeta. Las bahías de expansión serán distintas dependiendo del bus al que pertenezcan, teniendo así las siguientes:

   - **PCI:** las bahías PCI *(Peripheral Component Interconnect)* son el interfaz a un bus de conexión para la placa base que sirven para instalar tarjetas y suelen ser de color blanco. Poseen 47 pines y principalmente se usan para alojar tarjetas controladoras, tarjetas de audio, tarjetas de expansión de puertos y tarjetas de red. El bus de una ranura PCI es de 32 bits de ancho y su velocidad de reloj es de 33 MHz, lo que en teoría permite un rendimiento de 132 MB/s a 32 bits. En las arquitecturas de 64 bits, el bus funciona a 64 bits y su rendimiento teórico es de 264 MB/s.

- **PCI-*express*:** proporciona una comunicación mucho más rápida. Las

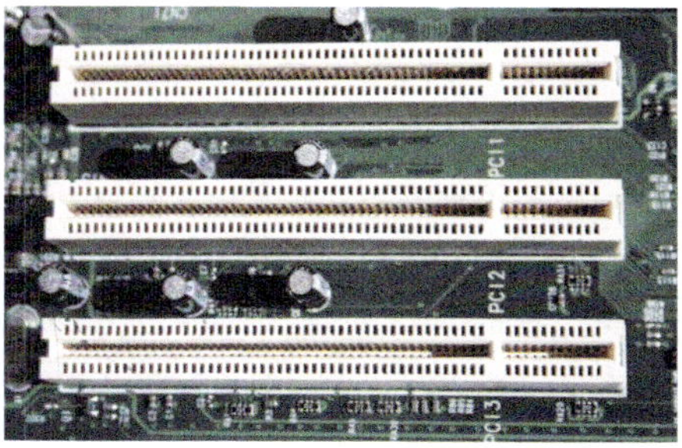

Ranuras PCI

PCI-express x 16, son las más utilizadas hoy día para la conexión de tarjetas gráficas, sobre todo para las tarjetas gráficas más novedosas, ya que permiten una gran tasa de transferencia de datos. El bus PCI-*express* ofrece en cada enlace una tasa de transferencia de 5 Gb/s o lo que es lo mismo, un ancho de banda de 400 MB/s. Cada ranura de expansión lleva uno, dos, cuatro, ocho o dieciséis enlaces de datos entre la placa base y las tarjetas conectadas. El mayor ancho de banda lo dan las de 16 enlaces que soportan una tasa de 80 Gb/s, es decir, 6 GB/s.

Ranuras PCI-express y sus distintos tamaños

- **AGP:** la bahía AGP *(Accelerated Graphics Port)* está destinada únicamente a las tarjetas gráficas y se diferencia por estar situada la primera en el orden de disposición y tener un color distinto a las otras ranuras PCI (generalmente marrón). Al igual que el anterior, existen varios tipos de bus en función de los carriles que posea. Para los de un carril, el bus es de 66 MHz con una tasa de transferencia de 264 MB/s, para los de dos carriles, el bus es de 133 MHz con una tasa de transferencia de 532 MB/s, para los de cuatro carriles, el bus es de 266 MHz con una tasa de transferencia de 1 GB/s y por último y los más generalizados son los de ocho carriles, con un bus de 533 MHz con una tasa de transferencia de 2 GB/s. Estas bahías están actualmente en desuso en las placas base modernas, ya que las PCI-*express* tienen un mayor ancho de banda.

Ranura AGP

Bahías de la placa base

4. Se puede observar como la parte posterior de la tarjeta donde se encuentran las conexiones externas está obstruida por una placa alargada que protege la torre de polvo y suciedad mientras no está siendo usada. Se deberá quitar con cuidado. Bastará con hacer un poco de palanca con el mismo destornillador que se utiliza para eliminarla. Hay que tener especial cuidado pues, aunque parezca fácil, está bastante afilada en sus bordes y podría dañar al usuario.
La bahía más cercana al procesador, esto es, la más alta cuando está en vertical, es la destinada a conectar la tarjeta gráfica, por lo que en placas AGP, la bahía AGP ocupaba esa posición, aunque actualmente es sustituida por una bahía PCIe x 16.

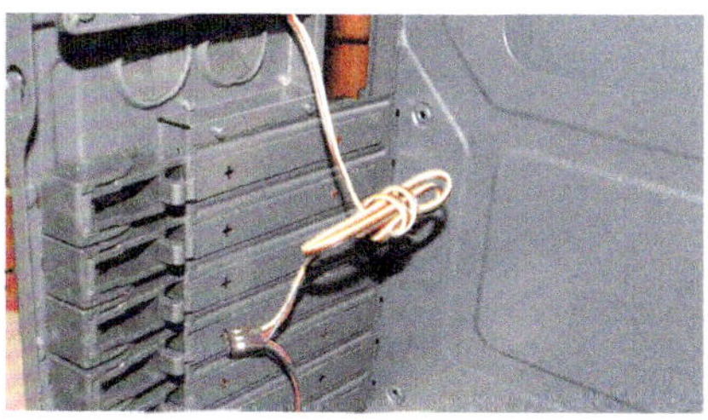

Protectores traseros

5. Tras esta operación se procede a encajar la tarjeta en su zócalo. Se verificará que queda perfectamente encajada para que no pueda moverse, y también se deberá dejar limpia la bahía de polvo y suciedad que podrían provocar que se cortocircuitase.

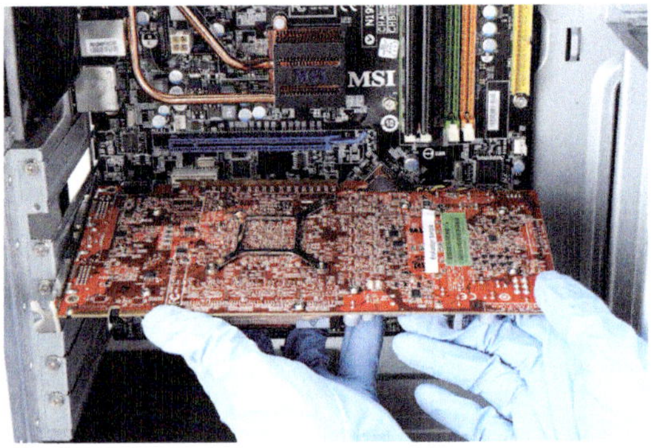

Tarjeta insertada en ranura PCI

6. Finalmente se fija la tarjeta a la carcasa de la torre con los tornillos que trae por defecto (por la parte posterior de esta). Así se podrán realizar las conexiones sin que se mueva o se salga de su zócalo.

Tornillo de sujeción de tarjeta

Existen algunas tarjetas, sobre todo las gráficas, que por su consumo eléctrico requieren de un suministro extra de energía eléctrica, ya que la bahía de expansión por sí sola no es capaz de aportarle toda la energía necesaria.

Las tarjetas AGP, por ejemplo, utilizaban un conector *berg* de alimentación de disquetera para tomar la energía requerida. En el caso de las actuales PCIe se han creado unos cables de alimentación dedicados y que son suministrados por la placa base.

Conectores de alimentación PCIe de 6 y 8 pines

Nota

Estos cables son los cables de alimentación PCIe que utilizan un conector de 6 u 8 pines que suministran varias líneas de tierra (3 o 5) y de 12 V (3 líneas) a la tarjeta. Estos conectores deberán ser también conectados a la tarjeta en caso de que existan conectores hembra de alimentación en la tarjeta.

10.2. Configuración de tarjetas de expansión

Windows

Para la configuración de las tarjetas de expansión, una vez que se ha iniciado el equipo se debe revisar en la opción **Panel de Control** → **Administrador de dispositivos,** si el nuevo dispositivo incorporado al equipo aparece en la lista de los dispositivos reconocidos por el equipo.

Si se encontrase que en el dispositivo aparece un signo de exclamación con una señal de advertencia de fondo amarillo es que algo no ha salido bien. Para solucionarlo se realizará clic derecho sobre esta señal y se seleccionará **Actualizar controlador.** Con esta opción se obliga al equipo a que de nuevo escanee todos los dispositivos conectados a él y los reconozca.

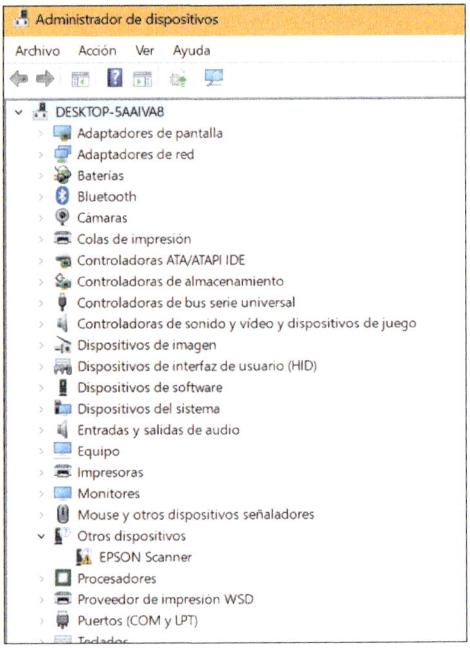

Problema de reconocimiento

Ubuntu

Ubuntu también dispone de un apartado en su sistema operativo que permite reconocer y administrar los dispositivos *hardware* que tiene instalado el ordenador.

Desde aquí se tiene una visión global de los dispositivos, organizados en grupos, que conforman el equipo, además de comprobar su correcto funcionamiento.

La aplicación que muestra esta información se denomina **Hardinfo** o **Información y Rendimiento del Sistema.**

Importante

Toda la información mostrada puede ser copiada en el portapapeles y usada posteriormente mediante el pegado de los datos del portapapeles en la aplicación de destino en la que interesa mostrar o guardar los datos.

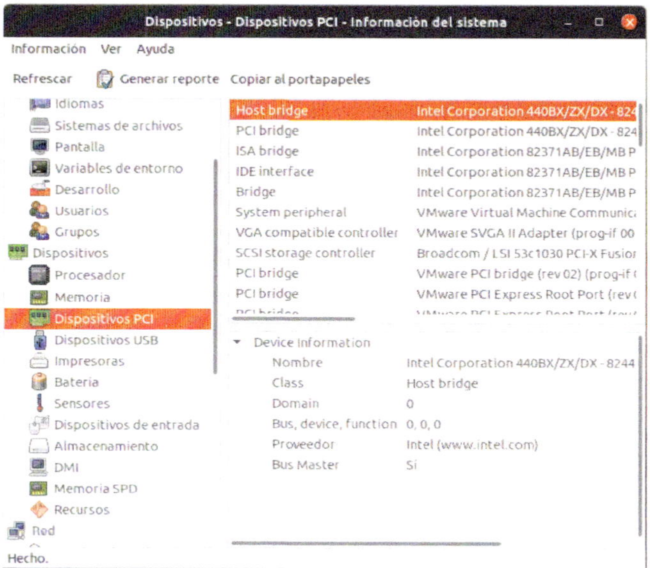

Hardwaremap de Ubuntu

MacOS

Para acceder al administrador de dispositivos de macOS se deberá seleccionar en el icono de Apple situado en la parte superior izquierda de la ventana la opción **Acerca de este MAC** y posteriormente el botón Informe del sistema.

El entorno *Apple* se caracteriza por la dificultad de incluir en sus equipos aquellos dispositivos internos que no se han incluido de fábrica en el equipo, por lo que no será posible la actualización ni instalación de dispositivos internos. Para el caso de los dispositivos externos, cuenta con una amplia base de datos donde se localizan los *drivers* actualizados y en la que se consulta cuando se conecta un periférico externo al ordenador, dejando las actualizaciones de *hardware* para las actualizaciones periódicas del sistema operativo.

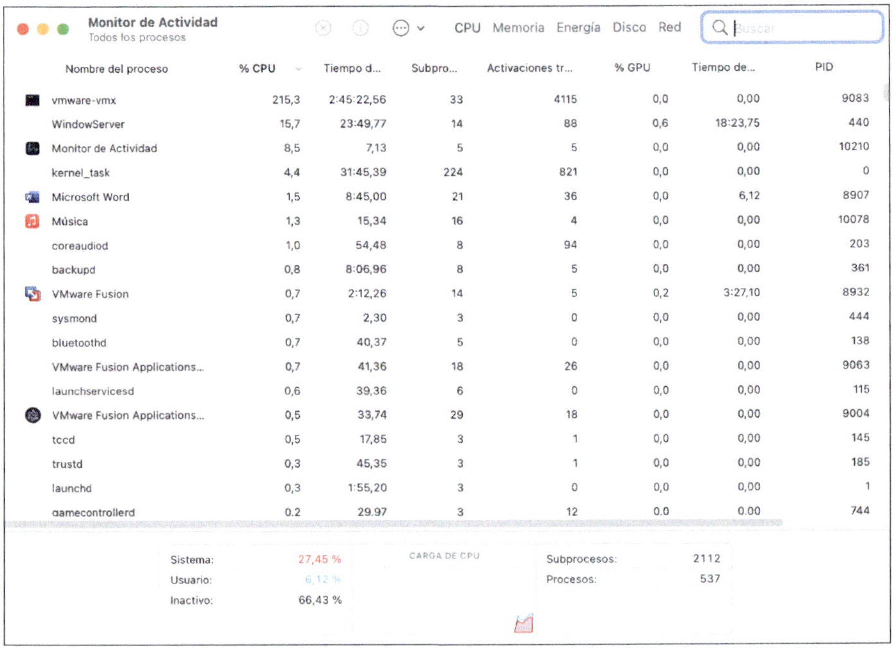

Administrador de dispositivos en MacOS

Aplicación práctica

En un taller informático Saturnino ha terminado de instalar una tarjeta en suequipo. Parece ser que todo está correctamente instalado pero el equipo no reconoce la nueva tarjeta. ¿Qué recomendaciones le haría si el sistema operativo es *Windows?*

Continúa en página siguiente >>

<< Viene de página anterior

SOLUCIÓN

Cuando se inicia el sistema operativo deberá ir al Administrador de Dispositivos que se encuentra dentro del Panel de Control. En el listado de dispositivos conectados al equipo debería aparecer la nueva tarjeta que se ha conectado al equipo.

Si en el dispositivo aparece un signo de exclamación con una señal de advertencia de fondo amarillo es que no se ha instalado el dispositivo correctamente. Para actualizar el controlador, se debe pinchar sobre el icono y mediante el botón secundario del ratón seleccionar la opción Actualizar Controlador, de forma que se obligue al equipo a volver a escanear los dispositivos que se encuentran conectados al equipo y reconocer a los que se encuentren conectados.

11. Instalación de controladores y utilidades *software*

Cada uno de los dispositivos que se instalen en el equipo vendrá provisto de un disco con el *software* propio para hacer funcionar el periférico. En algunos casos no es necesario instalarlo, en otros tan solo proporciona los archivos necesarios para que el equipo reconozca e instale el *hardware*, pero en otros supuestos sería muy recomendable su instalación para poder aprovechar su capacidad al 100 %.

Este término hace referencia al estándar para incorporar *hardware* a los equipos que facilita que los dispositivos se identifiquen automáticamente al conectarlos al equipo. Actualmente la casi totalidad de los dispositivos utilizan este estándar, lo que facilita en gran medida la conexión y posterior uso en diferentes equipos sin necesidad de instalar los *drivers* del elemento, puesto que este trabajo es realizado por el propio equipo directamente.

Plug-and-Play (Conectar y usar) permite a un periférico informático conectarse a un equipo sin la necesidad de configurar mediante *jumpers* o parámetros específicos su *software*. *Plug and Play* no significa que el periférico no necesite *drivers* para su correcto funcionamiento.

No debe confundirse el término *Plug and Play* con *Hot Plug* que hace referencia a la capacidad de un periférico para ser conectado o desconectado cuando el equipo se encuentra encendido (conexión o desconexión en caliente).

Ejemplo

En el caso de una impresora se podrá utilizar el sistema de impresión que todo sistema operativo lleva instalado de serie, pero si se instala su propio *software* se podrá acceder a funciones más específicas como pueden ser el tipo de alimentación de la bandeja, configuración del color, profundidad de la resolución, niveles de corrección de color, contraste, montajes, así como otras funciones que solo se podrán utilizar si se usa el *software* propio del dispositivo.

La instalación de los controladores y el *software* siempre debe hacerse una vez se haya conectado/instalado el dispositivo y este haya sido reconocido.

En caso de que no se posea el controlador o la aplicación de *software* adecuados, el sistema operativo proporcionará la opción de buscarlo en línea por internet o mostrará una lista para seleccionar el fabricante y modelo y hacerlo de manera manual.

La mayoría de los fabricantes han dejado de incluir un disco con los *drivers* del dispositivo, permitiendo la descarga de estos a través de sus sitios web donde cuelgan los controladores actualizados, asegurando los usuarios tengan disponibles siempre las últimas versiones de estos.

12. Realización de pruebas funcionales y operativas

Las pruebas funcionales son las comprobaciones y verificaciones que se hacen una vez el dispositivo y el *software* del mismo han sido instalados.

12.1. Impresoras

En el caso de las impresoras es bueno realizar una impresión de prueba para ver que los cabezales están alineados, que el color es el correcto, y que no hay manchas ni imperfecciones en el documento. En caso de que exista algún error durante la impresión, todas las impresoras están provistas de un sistema de ajuste y limpieza que pueden solventar estos errores.

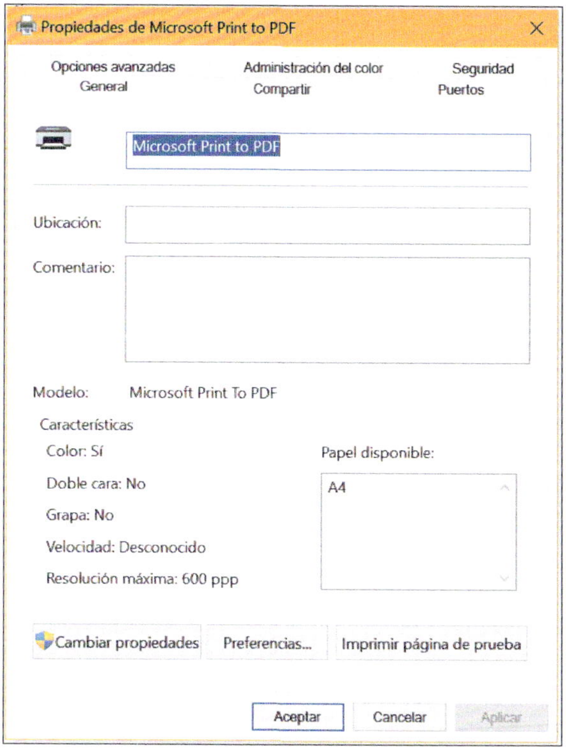

Imprimir página de prueba

Nota

También se puede usar una página de alineación para alinear el cartucho de impresión. Imprimir una página de alineación puede ayudar a corregir algunos problemas de calidad de la imagen mediante la alineación de los inyectores de tinta.

Aplicación práctica

Carlos ha recibido su nuevo equipo informático y se trata de un *Apple*. En este equipo desea instalar su antigua impresora. Le llama para que realice la configuración, ¿cómo procedería?

SOLUCIÓN

Se selecciona la aplicación Preferencias del sistema → Impresoras y escáneres. Se pulsa el icono de signo más (+) que se encuentra debajo del panel de impresoras de la izquierda y, a continuación, se selecciona la impresora que se desea añadir.

Tras esto se abre una ventana que permite elegir la impresora a configurar. Tiene en su cabecera la leyenda de Añadir impresora, después de haberla seleccionado se pulsa el botón Añadir.

Si se necesita algún *software* adicional para la instalación del dispositivo, el propio sistema operativo lo buscará automáticamente en su base de datos de *drivers* y si no lo encuentra, solicitará el *driver* correspondiente facilitado por el fabricante junto al dispositivo.

Aplicación práctica

Al terminar la instalación de la impresora en red de su empresa realiza una prueba de impresión y nota que aparecen manchas extrañas en el papel. ¿Qué solución daría a tal problema?

<< Viene de página anterior

SOLUCIÓN

Es bueno realizar una impresión de prueba para ver que los cabezales están alineados, que el color es el correcto, y que no hay manchas ni imperfecciones en el documento. En caso de que existiera algún error durante la impresión, todas las impresoras están provistas de un sistema de ajuste y limpieza que pueden solventar estos errores.

También se puede usar una página de alineación para alinear el cartucho de impresión. Imprimir una página de alineación puede ayudar a corregir algunos problemas de calidad de la imagen mediante la alineación de los inyectores de tinta.

12.2. Escáner

Para el escáner se deberá realizar el escaneo de una imagen que posea zonas muy oscuras, muy claras, degradadas, en color, blanco y negro, en escala de grises y con texto. Así se podrá ir calibrando uno a uno los parámetros del dispositivo para que funcione de manera correcta.

Para ello se clicará en **Inicio → Fax y Escáner de *Windows*,** o bien en la propia aplicación incluida con el escáner que deberá haber sido instalada previamente. Una vez abierta la aplicación, se debe seleccionar el escáner con el que se desea digitalizar el documento.

Una vez colocado el documento en el escáner, mediante el botón **Nueva Digitalización** se accederá a la ventana correspondiente en la que se puede digitalizar el documento. Se recomienda antes de ejecutar la digitalización, realizar una vista previa del documento digitalizado para ajustar la zona de escaneo o comprobar que este es correcto.

Digitalización de prueba

Aplicación práctica

El escáner que Julia acaba de instalar está totalmente configurado. Sin embargo no quiere dejarlo tal cual sin haber hecho alguna comprobación de que su funcionamiento es correcto. ¿Qué aconsejaría a Julia para comprobarlo?

SOLUCIÓN

Para probar el lector óptico lo mejor es grabar un disco para comprobar que la grabación de datos es correcta y reproducir uno que contenga datos para verificar que el sistema de lectura y escritura funciona correctamente.

Se debe colocar el documento que se quiere digitalizar en el escáner. En el menú Archivo se pulsa en Digitalizar documento nuevo. Tras ello se siguen las instrucciones de la pantalla para digitalizar la imagen.

12.3. Lector óptico

Para el lector óptico lo obvio es grabar un disco para comprobar que funciona correctamente y también reproducir uno que ya contenga datos para verificar que el sistema de lectura y escritura funciona bien.

Para probar un lector óptico existen varios programas gratuitos que miden la velocidad de grabación y que garantizan que la unidad óptica funciona de manera adecuada.

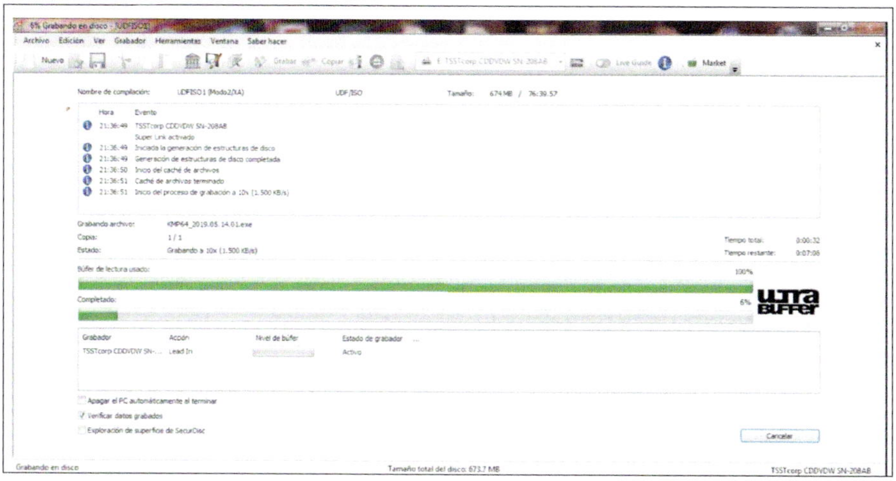

Grabación de disco de prueba

Aplicación práctica

Gonzalo acaba de terminar de hacer las conexiones de su lector de DVD a su ordenador, sin embargo, tras encenderlo, el lector no lo reconoce. ¿A qué puede deberse?

SOLUCIÓN

Hay que escoger bien la posición que va a pertenecer al dispositivo. Puede ser "maestro" o "esclavo" de una unidad de disco duro. Esto es así porque la faja de datos que une el lector óptico pasa primero por conectar a un disco duro y luego a la placa base (este caso solo se da cuando el lector use fajas de datos IDE, pues las SATA van directamente conectadas a la placa base).

Para ello se usará un pequeño pin de plástico que irá insertado en un par de clavijas finas de la parte posterior del lector óptico. Si el lector es el segundo dispositivo conectado a la faja de datos se pondrá el pin en la clavija marcada como slave (esclavo), en caso contrario se hará en la de master (maestro o primario).

12.4. Altavoces y dispositivos multimedia

Para los altavoces lo mejor es reproducir un archivo de sonido que contenga agudos y graves muy acentuados y asegurarse de que cada altavoz o dispositivo reproduce sonido. También se debe atender a que reproduzca el sonido sin ruidos ni distorsión.

Para comprobar si un micrófono y unos altavoces están bien conectados y configurados se seguirán los pasos siguientes:

Se deben cerrar todos los programas abiertos que puedan estar utilizando el micrófono o los altavoces. Se hace clic en el botón **Inicio** de *Windows* de la esquina inferior izquierda de la pantalla y se localiza la aplicación **Grabadora de voz.**

Una vez abierta la ventana de **Grabadora de sonidos** se debe hacer clic en el botón de grabación se pronuncian unas cuantas palabras en su micrófono y a continuación se pulsa en el botón de parada. En la nueva versión de la grabadora de voz, se ha eliminado la ventana en la que se mostraban las ondas sonoras al realizar la grabación.

Si no se oye nada debe revisarse la configuración del altavoz y del micrófono, pudiendo localizarse el fallo en la selección de los dispositivos de entrada/salida.

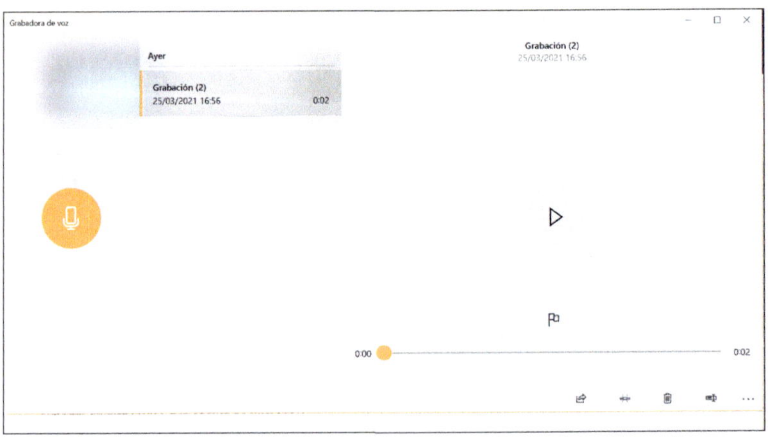

Grabador de sonidos para pruebas

12.5. Lector de cinta de *backup*

Para comprobar el correcto funcionamiento del lector de cinta se deberá hacer un *backup* de prueba con algunos datos del ordenador. Una vez realizado se procederá a rescatar esos datos. Si se recuperan con normalidad y la cinta graba y almacena los datos es que todo el proceso ha sido realizado con éxito.

También se puede proceder a recuperar los datos de cintas grabadas con otro lector de cinta de *backup*. Si el dispositivo es capaz de leer estos datos es que todo el proceso ha sido adecuado.

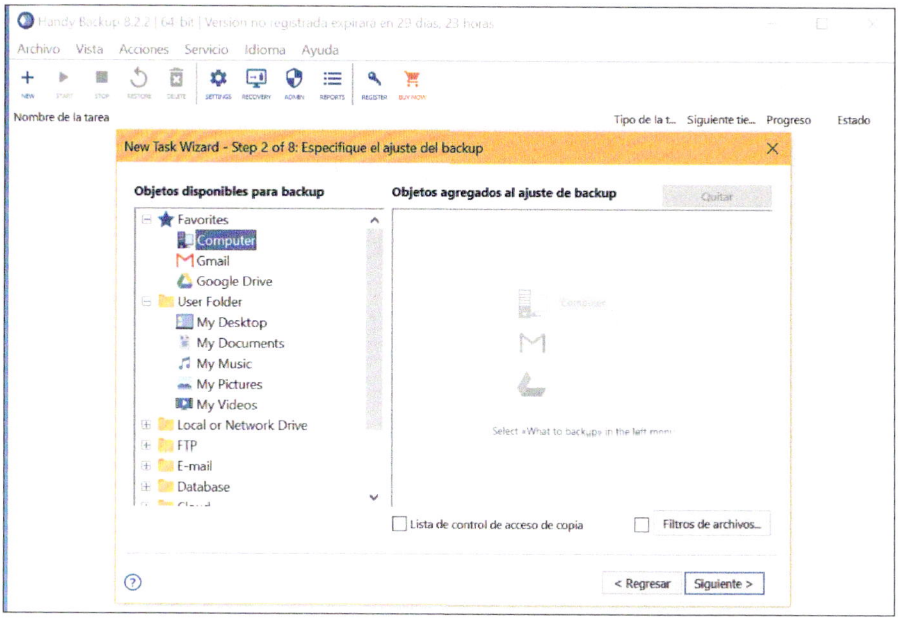

Copia de seguridad de prueba

Consejo

No hay que olvidar que cada *backup* que se hace debe ser seguido al detalle, por lo que se recomienda que los datos que se vayan a utilizar para la prueba sean de poco volumen para que tarde el mínimo posible.

13. Resumen

El montaje de ordenadores es un proceso complejo pero que puede verse simplificado si se siguen de forma detallada las indicaciones del fabricante, las normas de seguridad, y se utilizan las herramientas adecuadas. El proceso en sí es tan importante como el mantenimiento de los periféricos. Las pruebas posteriores y el mantenimiento de los dispositivos garantizarán que puedan trabajar durante mucho tiempo y que lo hagan de manera eficiente.

En el mundo de los dispositivos periféricos la evolución es constante, por consiguiente el deber del instalador es mantenerse al tanto de los avances que afecten a los dispositivos *software*.

Ejercicios de repaso y autoevaluación

1. **Indique si las siguientes afirmaciones son verdaderas o falsas.**

   a. En la documentación se encuentran los tipos de sistemas operativos en los que se puede usar un periférico.

   - ☐ Verdadero
   - ☐ Falso

   b. Lo primero que se debe hacer al instalar un periférico es conectarlo a la corriente eléctrica.

   - ☐ Verdadero
   - ☐ Falso

   c. Las impresoras láser usan tóner de tinta para imprimir.

   - ☐ Verdadero
   - ☐ Falso

   d. La instalación de *drivers* es algo opcional en cada dispositivo periférico.

   - ☐ Verdadero
   - ☐ Falso

   e. Lo mejor para limpiar un escáner es usar un buen disolvente directamente sobre la ventana de escaneado.

   - ☐ Verdadero
   - ☐ Falso

   f. El lector óptico obtiene su energía directamente de la fuente de alimentación.

   - ☐ Verdadero
   - ☐ Falso

g. El estándar *Plug and Play* evita que los dispositivos periféricos se instalen automáticamente.

- ☐ Verdadero
- ☐ Falso

h. La mejor manera de saber si un dispositivo periférico como una impresora está correctamente instalada es imprimir una página de prueba.

- ☐ Verdadero
- ☐ Falso

2. El primer paso a dar para instalar un periférico es:

a. Examinar y leer detenidamente la documentación del fabricante.
b. Conectarlo a la corriente eléctrica.
c. Encontrar el controlador anterior.

3. Indique los tipos de conexión que se pueden encontrar en una impresora.

a. Puerto serie, paralelo o USB.
b. Alterno o continuo.
c. Puerto USB o faja de datos.

4. Una impresora bien situada tiene que estar...

a. ... nivelada.
b. ... volcada.
c. ... aislada.

5. Indique si las siguientes afirmaciones son verdaderas o falsas.

a. Se puede usar un cable IDE o SATA para conectar un lector óptico independientemente del tipo de lectores.

- ☐ Verdadero
- ☐ Falso

b. Para fijar el lector óptico lo mejor es apretar los tornillos lo máximo posible.
   - ☐ Verdadero
   - ☐ Falso

c. Para instalar un lector óptico con interfaz IDE se debe elegir cuidadosamente si se usará como esclavo o maestro con respecto al disco duro.
   - ☐ Verdadero
   - ☐ Falso

d. El esquema de colores de un equipo de sonido es meramente decorativo.
   - ☐ Verdadero
   - ☐ Falso

e. Un equipo SAI evita que un dispositivo se sobrecaliente.
   - ☐ Verdadero
   - ☐ Falso

f. Una memoria USB portátil no precisa de ninguna fuente de alimentación porque se alimenta directamente a través del puerto USB.
   - ☐ Verdadero
   - ☐ Falso

g. Las bahías de las tarjetas PCI deben estar limpias antes de su instalación.
   - ☐ Verdadero
   - ☐ Falso

6. Una impresora puede estar conectada de varias formas. Indique cuáles.

a. En red.
b. Por cable.
c. Inalámbricamente.
d. Todas las opciones son correctas.

7. Cuando se instala una impresora en *Ubuntu* se debe tener en cuenta...

a. ... que todas las impresoras son compatibles
b. ... que no todas las impresoras son compatibles.
c. ... se disponga de la última versión del sistema operativo.

8. Para limpiar la lente de un escáner lo más aconsejable es:

a. Agua.
b. Alcohol.
c. Un paño seco.

9. Los *drivers* de un dispositivo deben instalarse cuando...

a. ... se ha desembalado el dispositivo.
b. ... se ha instalado el dispositivo.
c. ... solo cuando se desinstala el dispositivo.

10. Un escáner es compatible con Ubuntu si se encuentra en la lista...

a. ... SANE.
b. ... VANE.
c. ... KANE.

11. Los puentes que determinan la posición de un lector óptico IDE se llaman...

a. ... grapas.
b. ... *jumpers*.
c. ... calzas.

12. La potencia de un altavoz se mide en:

a. ... radiones.
b. ... vatios.
c. ... hercios

13. **Si un equipo de sonido se compone de dos altavoces, un *subwoffer* se abrevia...**

    a. ... 5.1.
    b. ... 2.1.
    c. ... 7.1.

Bibliografía

Monografías

- ALEGRE Ramos, M. P.: *Sistemas Operativos Monopuesto.* Madrid: Paraninfo, 2019.
- MUÑOZ, F. J.: *Sistemas operativos monopuesto.* Madrid: McGraw Hill, 2009.
- MUÑOZ López, F. J.: *Sistemas Operativos Monopuesto.* Madrid: McGraw Hill, 2012.

Textos electrónicos, bases de datos y programas informáticos

- Guía de configuración básica de Ubuntu 20.04 LTS, de: <https://www.muylinux.com/2020/05/22/guia-configuracion-basica-ubuntu-20-04-lts/>.
- Guía de configuración básica de Windows, de: <https://docs.microsoft.com/es-es/windows/resources/>.
- Guía de configuración básica de macOS, de: <https://support.apple.com/es-us/guide/mac-help/welcome/mac>.

Glosario

En este apartado se describen los términos más usados de este manual, sin embargo también es de utilidad para cualquier otro manual de instalación y reparación de dispositivos periféricos.

Los términos más importantes se detallan a continuación:

CPU
Unidad Central de Proceso. Es un componente del ordenador capaz de realizar cálculos y operaciones complejas con datos numéricos, comúnmente recibe el nombre de microprocesador.

GB
Gigabyte. Unidad de medida que representa mil millones de bytes.

Interfaz
Método de comunicación entre dos elementos distintos, por ejemplo el microprocesador y la memoria o el usuario y el ordenador.

RAM
Memoria de acceso aleatorio. Es el principal medio de almacenamiento de información temporal del microprocesador de donde obtiene todos los datos que necesita para trabajar.

USB
Bus Serie Universal. Es un método de conexión entre un ordenador y sus periféricos, como impresoras, escáneres, cámaras digitales e incluso teclado y ratón. Combina una velocidad muy alta con una gran versatilidad que permite al usuario conectar varios dispositivos a un mismo puerto.

Acceso directo
Modo rápido de acceder a cualquier programa, carpeta, archivo, etc. desde el escritorio.

CD-R
Compact Disc Recordable. Se trata de un disco de CD-ROM que puede adquirirse para realizar grabaciones. Este tipo de disco solamente puede escribirse una sola vez. Actualmente puede llegar a almacenar hasta 700 Mb de información y hasta 80 minutos de música.

CD-ROM
Se trata de una tecnología de formato de *compact disc* o disco compacto, de forma que permita la grabación y reproducción de datos en una unidad de lectura especialmente diseñada para ellos. No es posible la grabación posterior de datos.

CD-RW
Disco compacto regrabable y reescribible. Se trata de un CD-ROM con unas características especiales que permiten grabar y borrar datos como si fuera un disco duro.

CPS
caracteres por segundo que puede escribir una impresora.

Disco Duro HDD *(Hard Disk Device)*
Los discos duros constituyen la unidad de almacenamiento principal del ordenador. En ellos se almacena permanentemente una gran cantidad de datos y programas. Constituyen la memoria de almacenamiento masivo. Las unidades de los discos duros contienen dos o más discos, apilados sobre un eje central y aislados completamente del exterior. Las primeras y antiguas unidades almacenaban del orden de 10 a 20 megabytes alcanzando actualmente varios teraBytes de capacidad.

DVD
Digital Video Device. Dispositivo óptico de almacenamiento masivo capaz de guardar entre 4.7 y 17 Gb en cada disco de 12 cm (de apariencia similar a los CD).

Driver
Es un programa que interactúa con un dispositivo en particular (por ejemplo puede ser una tarjeta de video que se entrega con el driver correspondiente que está en un disquete o CD-ROM). Contiene todos los datos necesarios del dispositivo al que acompaña para que el resto de programas sepan cómo han de utilizarlo.

Hardware
En un ordenador el *hardware* está formado por los componentes físicos, es decir, los elementos que configuran la máquina y que le dan una serie de características y potenciales (tarjetas, disco duro, monitor, teclado, etc.).

Hertzio
El hertzio es una unidad de frecuencia electromagnética (es decir, de cambio de estado o ciclo en una corriente alterna) de un ciclo por segundo. Reemplaza al anterior término "ciclo por segundo (cps)".

LCD
Liquid Cristal Display. Es una tecnología que da una gran nitidez de imagen usada en pantallas de todo tipo.

Local Area Network - LAN
Una Red de Área Local es una red de datos que da servicio a una superficie de entre 1 a 5 kilómetros que permite optimizar los protocolos llegando a conseguir velocidades de transmisión de hasta 40 GB/s (gigabytes por segundo), dependiendo el cableado y los equipos que se utilicen.

Memoria
Término que se utiliza comúnmente para aludir a la memoria de acceso aleatorio de un ordenador. El término memoria se emplea para referirse a toda clase de almacenamiento electrónico de datos (disco duro, *compact disc,* etc.). La memoria de un sistema informático es crucial para su funcionamiento. Sin ella, el ordenador no podría leer programas o retener datos. Esta almacena los datos electrónicamente en células de memoria contenidas dentro de los chips. Las dos